麻鷹之城

＃我的觀鷹手記

My Black Kite Story

陳佳瑋 ——著

Chris Wang, Connie Wong
———————— 撰文

非凡出版

推薦序

文
——
林超英

前香港天文台台長、香港觀鳥會榮譽會長

《麻鷹之城 —— 我的觀鷹手記》是一本奇書，陳佳瑋 Peter Chan 是一個奇人，香港出了一個這樣的人和這樣的書是異數。

《麻鷹之城 —— 我的觀鷹手記》講述香港這個「國際都會」石屎森林有很多麻鷹，還講出有名有姓的麻鷹之間的感情故事，香港人對娛樂圈的八卦新聞很有興趣，報章有娛樂版不足為奇，但是香港人以搵食艱難著名，誰有空想知道發生在麻鷹之間的芝麻綠豆「小事」？本書確是奇書一本！

不過奇怪，這本書拿上手後，令人着迷，麻鷹故事一個接一個，使人恨不得盡快看完，大量漂亮的相片，非常有現場感，看書就像跟着 Peter 到處找尋麻鷹，站在他身邊一起舉起望遠鏡，觀看麻鷹的一舉一動，以及感應麻鷹世界的生命故事。看到小鷹和大麻相親相愛十多年，既欣慰又喜悅，讀到白頭仔、大嬌、咪仔和芝麻之間的關係變化，讓我們發現麻鷹感情世界的複雜。麻鷹跟人類一樣，有血有肉，有愛有恨，有喜悅，有煩惱。

透過觀鳥認識 Peter 多年，見他經常面帶微笑，文質彬彬，以為是老師或文職人員，後來才知道他是機電人員，經常在大廈頂層工作，因此比普通人多機會觀察天空的猛禽，估計因此中了「麻鷹毒」，

一天不見麻鷹身會痕、心會癢。十多年來他參與麻鷹的民間研究工作，逐步深入，培養出辨認麻鷹身份的本事，為牠們起名字，視牠們為朋友，經常探訪和仔細記錄麻鷹的生活點滴。他觀察麻鷹的細緻程度，令人聯想到在非洲觀察黑猩猩而舉世聞名的 Jane Goodall 珍古德，分別只在觀察對象不同而已。來到今天，沒有受過學院派動物學訓練的 Peter，已經成為東亞研究麻鷹生活的名家。憑着熱情，全靠自學，從機電工程跨越到動物行為學，Peter 確是奇人一名。

香港社會瀰漫強調金錢利益的氣氛，年青人成長期間不斷被灌輸「搵大錢」的概念，個人也好，政府也好，做甚麼事都計算着究竟可以獲得多少金錢利益，以致保育自然長期被置於優次排序的底部，一般人忙着為生存掙扎，部分人則癡癡地追逐更多的財富，不可能有空觀天看地，以及欣賞自然景色和千姿百態的飛潛動植，他們甚至會蔑稱愛護自然的人為「傻仔」或「阻住地球轉」，但是偏偏就在這種氛圍之下，鑽出一個像 Peter 這樣的人物，沉醉在自然生態蘊藏的安寧和喜悅之中，並且以行動記錄下自然的美麗影像，以及與人分享，然後又竟然有人逆着潮流，相信麻鷹的故事有市場，大膽把 Peter 的記錄出版成書，簡直不可思議，Peter 與書的出現，確是時代的異數。

多年來我有幸在社交平台追閱 Peter 的貼文，一方面學懂不少新知識，另一方面感受 Peter 對麻鷹朋友們的關切，也漸漸感受到麻鷹接受他的存在和反過來觀察他的行為，他與麻鷹朋友們簡直成為一同呼吸的共同體，我想這是觀察生物者的最高境界。

捧書在手，重量來自 Peter 的多年心血，厚度是 Peter 多年的積累，願大家好好把書看一遍，明白人和麻鷹本無分別。

感謝 Peter，帶引我們進入麻鷹的世界。

二〇二一年十月十九日

推薦序

文
———
Vicky

香港觀鳥會麻鷹研究組前召集人

我與 Peter 相識於二〇〇八年一個生態導賞員訓練計劃，我是舉辦機構香港觀鳥會的活動負責人，而 Peter 是其中一個參加者。當年 Peter 還是學生，閒談間他表示對麻鷹十分感興趣，而剛好我是香港觀鳥會麻鷹研究組（簡稱麻鷹組）的召集人，便跟他簡介麻鷹組的工作，邀請他來試試數麻鷹，即每月一次的麻鷹晚棲數量調查。

麻鷹組是唯一一個全年都需要進行調查的研究組，其他研究組都是繁殖期或遷徙季節才進行調查，但由於麻鷹是香港全年可見的留鳥，所以每個月都會進行一次調查，記錄牠們的數量變化。當年加入麻鷹組成為正式組員之前，要先進行為期約半年的訓練（後期增加到九至十二個月），若能掌握數麻鷹的技巧，並通過冬季麻鷹數量高峰期的調查考驗，便能成為正式組員，可惜很多人都因為訓練期太長或數麻鷹太難等原因而中途放棄。還記得 Peter 訓練初期，組員們覺得他「太進取」而令到調查的數量偏高，經過一輪觀察後，Peter 漸漸掌握數麻鷹的要領，在二〇〇九年正式成為麻鷹研究組組員。Peter 成為組員後積極發掘不同的麻鷹晚棲地，其中西貢碼頭更在二〇一〇年開始成為恆常的調查點，另外 Peter 亦主動參加台灣的猛禽

研討會，與台灣的猛禽研究人員建
立深厚的友誼。

　　Peter 對麻鷹的熱情多年不
減，我作為麻鷹組的前召集人實在
十分慚愧。眼見 Peter 由當年的「學
生哥」成為「社會人」，人大了，
成熟了，可以承擔更大的責任，所
以在二○二○年決定由 Peter 接棒
做麻鷹組召集人，相信 Peter 對麻
鷹的認識及熱誠能帶領麻鷹組往後
的研究及記錄工作，讓更多公眾認
識香港的麻鷹。

　　直至二○一九年才親耳聽到
Peter 分享他的麻鷹觀察記錄和不
同麻鷹的配對及繁殖故事，實在
驚訝 Peter 所花的時間和心機，還
有分辨不同麻鷹個體的細心。知道
Peter 即將將他這些多年的心血出
版成書，實在替他高興，希望這本
書能啟發更多人認識甚至愛上麻鷹
和其他鳥類。香港的鳥類保育工作
實在需要更多新血、更多有心人去
投身，為雀鳥發聲。

推薦序

文
——
林惠珊

屏東科技大學鳥類生態研究室研究員

台灣的黑鳶和香港的麻鷹，其實指的是同一種鳥。在台灣進行黑鳶研究的我，會與香港觀察麻鷹的Peter認識，其實是靠着網路通訊。在二〇一四年七月收到了一則網路訊息，表明是香港觀鳥會麻鷹研究組的組員，希望能向台灣詢問黑鳶的翼標或衛星追蹤方式，因此展開了聯絡。我們常常透過網路討論着黑鳶（麻鷹）的照片，Peter也常跟我分享，他所觀察的大麻和小鷹。後來，隨着台北舉辦的關渡博覽會，Peter表明要來台灣參加，結束後我為他安排了屏科大鳥類生態研究室夥伴例行的讀書會，也邀請他與我們分享在香港的麻鷹觀察及調查現況。當時我聽着香港一個夜棲地可以有七百至一千多隻的麻鷹聚集，真的是好羨慕，因為當時在二〇一四年全台灣的黑鳶從南到北加起來也才三百多隻，也讓我湧起想要造訪香港一探究竟的衝動。

翌年，我與研究室夥伴一群人拜訪香港，第一站便是Peter日常觀察大麻和小鷹地點，當時Peter向我們介紹這兩隻觀察許久的個體，先是說明如何辨識個體特徵，再來分享個體的習慣，以及觀察到的各種行為和趣事，我聽着聽着，就像是他在聊着他跟街坊鄰居的互動和日常生活一樣。大麻和小鷹根本就是他生活的一部分，尤其是講

到母鳥大麻的一舉一動時，我不禁懷疑，眼前這位 Peter 是不是可能有點單戀大麻，小鷹就像是他既關心又羨慕的假想情敵？熱情的 Peter 帶我們觀察巢區後，連續幾日，我們也到香港四處觀鳥，以及進行當地麻鷹的夜棲地探訪交流，我羨慕着香港單一夜棲地的麻鷹就遠超過當時全台灣的黑鳶數量。回台灣後，我們一樣分頭努力着，我與夥伴們持續進行着黑鳶研究，而香港的 Peter 也如常進行着麻鷹觀察和計數。

認識 Peter 到現在有八年，從他是只騎單車的小男孩，到現在開車到處觀察麻鷹，這本書集結 Peter 在麻鷹觀察上面的累積，每一字句都是透過無數小時的觀察而來，非常珍貴。曾經我受到沈振中撰寫的《老鷹的故事》一書影響，而投入在老鷹的研究之中；現在我看到了 Peter 撰寫的這本書，書中不論是大麻、小鷹、白斑、金団、大頸泡、佑賜或其他個體，每一隻麻鷹都有自己的個性，就像是鄰居一樣，書中描述的日常習性也是我過去未曾注意到的，我也透過這本經過整理的觀察而收穫許多，也發現原來當一個人那麼用心的與一群特定的麻鷹相處着，其實僅是目視觀察也可以達到那麼細緻的程度。從書裏面點滴的文字，可以感受到 Peter 對黑鳶的了解，也可以讓人感受到這些麻鷹的生活和溫度，我很喜歡這本書，也將這本書誠摯的推薦給想要了解麻鷹（黑鳶）的您們。

推薦序

文
——
黃錫年博士

學無先後，達者為師

在我三十多年的教學生涯中，一向專注科學科技教育。二〇〇三年，機緣巧合，我將運作多年的科技學會交託給新同事，自己則重拾年輕時的另一興趣，在校創立攝影學會。佳瑋從來沒上過我的物理課，我們的緣分是源自攝影學會。二〇〇六年佳瑋被推舉為學會會長。那時候數碼攝影年代剛開始，我還是眷戀用傳統的膠卷相機，我擁有的數碼相機只屬傻瓜級別，而當時佳瑋已率先使用相對高階的單鏡反光數碼相機。長江後浪推前浪，教學相長，這股年輕後浪反驅使我走向數碼時代。

十多年來，我都很享受和學員一起走過的日子，尤其佳瑋這一代的學員。當年學會不但為學校各項活動留下不少珍貴的影像回憶，佳瑋和學員參加校外的攝影比賽，取得的成績，恍如其名，就是「佳」績。他經常帶領學員走入社區參加不同的外影活動，例如「長洲太平清醮」、「夜遊蘭桂坊」、「遊走昂坪360棧道」和「告別天星碼頭」……有一次我們到維園拍攝花卉，後來把花卉影像製成書籤，還在書籤上題詩，將攝影藝術結合中國文化，提升了攝影的層次。

佳瑋當年對觀鳥的興趣非常

濃厚，他建議攝影學會到鹿頸「打雀」，即觀鳥兼攝影之意。那次活動的印象實在太深刻，因為清晨四時許，我睡眼惺忪便要出動，駕車奔走各區接載同學，趕及在雀鳥覓食期間到達鹿頸。後來才知道佳瑋擇日出動，背後原來也很有學問，他需要追蹤候鳥的遷徙日期和路徑，掌握潮水漲退和日照時間。除了高性能器材外，能否拍得靚相，這些都是非常關鍵的因素。佳瑋對學問的熱切追求，對追鳥的執着和毅力，為他日後在生態攝影界奠定了良好的基礎。

月前收到佳瑋的邀請為他的書寫序。學生著書立說，做老師的實在與有榮焉。雖然久違了文字寫作，有點生疏，但仍忍不往一口答應。他送上了初稿，最初我以為只是一本影集，細看之下原來遠超於此。書中除了展示不少姿態優美的麻鷹相片外，還有豐富的資訊，並加插了一些有趣的冷知識，活像一本麻鷹小百科。

我覺得「第三章：繁殖區愛情故事」是這本書最特別的章節。佳瑋訴說的原來是麻鷹之間的愛情故事。他看待麻鷹如同自己的囝囝囡囡，他會以麻鷹的特徵為牠們取名，如佑賜、大頸泡、花花、侵侵、小麻……佳瑋似乎具有識別每一隻麻鷹的特異功能。他不但熟悉麻鷹的名字、特徵、脾性和棲息地，麻鷹之間如何邂逅求婚、共築愛巢、繁衍後代，直至雛鳥羽翼漸豐、離巢試飛，甚至連麻鷹爸爸的前度女友，佳瑋都瞭若指掌，並能以生動而人性化的手法呈現觀眾眼前。其中一段「某年大頸泡再次懷孕，佑賜表現得十分興奮，不斷從樹林內、馬路上和海邊來回撿東西來建造新巢」，看來興奮的不只是麻鷹爸爸，還有這個等待抱孫的佳瑋爺爺。

他的書既是一本攝影書、科學書、保育書，也是一本愛情小品。愛情不單發生在麻鷹之間，佳瑋長年觀鳥，人鳥之間早已不自覺地結下深厚情緣。

曾幾何時，佳瑋是我的學生，但他現在已是生態攝影和麻鷹專門知識的大師，他在這方面早已超越同儕和老師。「學無先後，達者為師」這話在佳瑋身上找到最佳的印證。我以他為傲，請繼續堅持理想。

二〇二一年九月

前言

這是一個關於鷹奴與麻鷹們的故事，

用文字和圖片記錄着兩者之間的點點滴滴。

憑着一顆熱誠的心，

編織成一段超過十年的人鷹關係。

觀鷹緣起

二〇〇七年的某天，為了測試新購入的相機鏡頭，在家附近沿途拍攝。途經海旁時，一隻麻鷹幼鳥引起了我的注意，牠站在不遠處的建築物天台上，距離正好，便將牠記錄了下來，當時也只是把照片當成試驗鏡頭的作品。約一年後，觀鳥回程時再次途經，竟在同一位置看到麻鷹再度出現，出於好奇，想知道會是同一隻麻鷹嗎，便借用朋友的相機將其拍下。在尋找答案期間，漸漸對觀鷹產生了莫大的興趣。

於是二〇〇八年十一月，加入了香港觀鳥會麻鷹研究組，開始接觸對麻鷹的專業研究，跟組員每月到不同地點調查麻鷹數量，繁殖期時調查牠們的繁殖狀況。就在二〇〇九年繁殖季節開始前，我的家人向我表示，在家附近看見一隻麻鷹正在築巢，我立刻拿着相機和望遠鏡前往，既然巢已經找到了，那麼主人會是誰呢？在附近尋找了一會，答案終於揭曉，正是去年發現站在建築物上的那隻麻鷹，亦是我認識最久的麻鷹 —— 小鷹。自此，我的觀鷹生涯正式展開。

目錄

推薦序——林超英 004

——Vicky 006

——林惠珊 008

——黃錫年博士 010

前言 012

Chapter 1。香港的麻鷹

1.1 麻鷹的分類及分佈 018

1.2 如何分辨麻鷹及身體羽毛名稱 021

1.3 了解麻鷹的生活 025

1.4 香港麻鷹調查 031

Chapter 2。有關麻鷹的十個秘密

秘密 1 麻鷹吃甚麼？ 038

秘密 2 麻鷹有耳朵嗎？ 040

秘密 3 麻鷹的壽命有多長？ 041

秘密 4 麻鷹怎樣換羽？ 042

秘密 5 如何辨認不同個體的麻鷹？ 043

秘密 6 怎樣分辨雌雄麻鷹？ 045

秘密 7 麻鷹屬於領域性動物？ 045

秘密 8 麻鷹巢由甚麼東西組成？ 046

秘密 9 甚麼是麻鷹繁殖期？ 047

秘密 10 麻鷹會攻擊人類嗎？ 050

Chapter 3。繁殖區愛情故事

3.1	小鷹與大麻	055
3.2	佑賜與大頸泡	069
3.3	侵侵與小麻	082
3.4	波子與白斑	088
3.5	毛斑與金囡	093
3.6	白頭仔、大嬌、咪仔與芝麻	101

Chapter 4。觀鷹故事

4.1	小麻鷹成長記	113
4.2	台灣觀鷹記	124
4.3	日本觀鷹記	128

Chapter 5。保育貼士

貼士 1	觀鳥時要留意甚麼？	134
貼士 2	香港有哪些瀕危鳥類？	136
貼士 3	遇到受傷的鳥類要怎麼辦？	138
貼士 4	遇到年幼雀鳥怎麼辦？	142

Chapter 6。香港觀鳥分享

6.1	香港雀鳥介紹	146
6.2	香港猛禽介紹	149
6.3	香港觀鷹地圖	153
6.4	觀鷹裝備	161

後記		168
參考資料		170

CHAP

牠們的鷹姿偶然也會在大帽山山頂出現。

牠們主要出現在海邊、水塘、市區，

全香港各區都有麻鷹的蹤影，

麻鷹之城——我的觀鷹手記

TER.1

香港的
麻鷹

香港的麻鷹

1.1

麻鷹的分類及分佈

不論是穿梭於高樓大廈中，還是盤旋在萬丈高空上，相信大家都曾在香港各區目睹過麻鷹的蹤影。抬抬頭並不難發現牠們的鷹姿，但牠們的故事卻一直停留在兒歌及遊戲當中。其實麻鷹沒有想像中那般兇猛及陌生，一樣要為生活奔波，也有不為人知的一面，甚至牠們的世界裏藏着不輸我們的戲劇性故事呢！

麻鷹正式的名稱是「黑鳶」，鳶的粵語讀音是「淵 jyun1」，絕對不是「妖 jiu2」！英文名稱是 Black Kite，學名[1]為 *Milvus migrans*。*Milvus* 是鳶，而 *migrans* 是遷移 (migratory)，所以 *Milvus migrans* 的意思就是「會遷移的鳶」。

根據香港觀鳥會麻鷹研究組過往調查數據顯示，三至七月香港麻鷹數目只有約一百至一百五十隻，而十一至一月則可多達八百隻，相

---

1 學名：是生物學術語，即根據國際上制定的有關生物命名的法規，主要以二名法對各特定物種（動物、植物、真菌、藻類、細菌等）在種的分類階元上，為物種所取的科學名稱。名稱統一使用拉丁文或拉丁化文字，且主結構使用斜體字。學名主結構為：屬名（首字母大寫的名詞）＋ 種加詞（首字母小寫的形容詞）；另可加注一些副結構（正體的縮寫及符號，亞屬名除外）。

差近八倍！正是因為香港的麻鷹大部分是遷移型候鳥[2]及冬候鳥[3]，只有少量麻鷹會全年留在香港，以致夏季與冬季數量上有明顯差距。

2019 年香港麻鷹調查數量

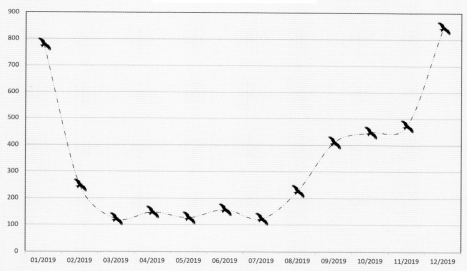

資料來源：香港觀鳥會麻鷹研究組

2　遷移型候鳥：在春秋兩季從北方或南方遷移經過香港稍作停留的雀鳥。

3　冬候鳥：冬天留在香港度冬的雀鳥，直到春天返回北方繁殖。

香港的麻鷹

　　筆者作為麻鷹觀察員，能讓筆者長期觀察記錄的各位主角們當然不會是候鳥，他們正是屬於那一小部分，一般稱作留鳥[4]。

　　麻鷹廣泛分佈在歐洲、亞洲、非洲和澳洲。現時全世界的麻鷹家族共分為五個亞種[5]。在香港，麻鷹的亞種為 *Milvus migrans lineatus*，牠們帶有深黑色的耳羽，淡黃色的蠟膜和灰白色的腳，所以又稱為黑耳鳶 (Black-eared Kite)。黑耳鳶主要分佈在台灣、日本、泰國、印度北部、俄羅斯及中國[6]。

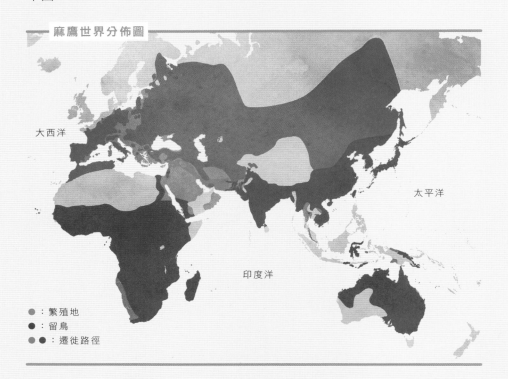

麻鷹世界分佈圖

大西洋

太平洋

印度洋

● ：繁殖地
● ：留鳥
●● ：遷徙路徑

4　留鳥：全年留在香港的雀鳥。

5　亞種：同一物種之下再進一步分類，學名會由屬名、種加詞、種下階元加詞三部分組成，均用斜體。

6　資料來源：香港觀鳥會麻鷹研究組。

1.2

如何分辨麻鷹及身體羽毛名稱

麻鷹體長五十八至六十九厘米，翼長約四十七厘米，翼寬一五七至一六二厘米，重量七百至一千二百克，雌鳥會比雄鳥胖。麻鷹成鳥主要特徵是全身深褐色羽毛及尾羽末端呈魚尾狀。要分辨成鳥和幼鳥，可以從觀察較為淺色的頭部羽毛和身上明顯的金黃色斑點辨別出幼鳥。麻鷹飛行時初級飛羽上的白斑紋清晰可見，由於牠們善於利用海風和熱氣流，因此甚少拍動翅膀。

| 麻鷹幼鳥

蠟膜　眼先　眉骨　耳羽

喙部

香港的麻鷹

初級飛羽

次級飛羽

尾羽

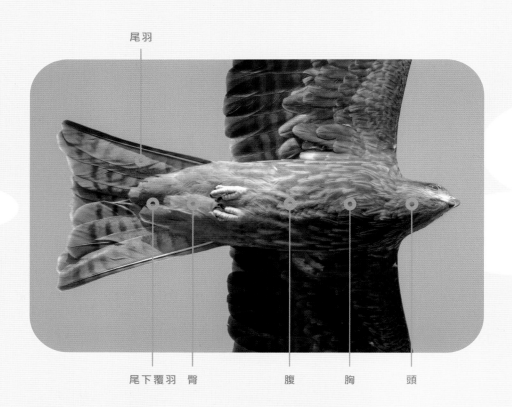

尾下覆羽　臀　　　　　腹　　　胸　　　頭

P10

P9

P8

P7

P6

P5　P4　P3　P2　P1　S1

初級飛羽

S2

S3

S4

S5

S6

S7

S8　S9　S10

次級飛羽

尾羽

肩羽

中覆羽

大覆羽

次級覆羽

初級覆羽

尾羽

香港的麻鷹

在香港，有一些跟麻鷹相似的猛禽：普通鵟、鶚（魚鷹）、白腹鷂。

一、普通鵟：冬天時在市區、田野、濕地出現。普通鵟身體是米白色，胸和腹部也有褐色的斑紋。飛行時雙翼舉起呈 V 形狀，初級飛羽上方的腕斑明顯深色或近黑色。

二、鶚（魚鷹）：主要在魚塘或海岸出現。頭和身體也是白色，背部深褐色，身體比例上翼展較麻鷹長，尾羽也比麻鷹的短。

三、白腹鷂：主要在沼澤地方出現。白腹鷂幼鳥和雌鳥的身體都是褐色，夾雜着白色的斑紋，飛行時雙翼舉起呈 V 形狀。體形比麻鷹細小。

下次看見天上掠過的黑影，不要只懂大喊「是鷹啊」！

普通鵟

鶚

白腹鷂

1.3

了解麻鷹的生活

麻鷹屬日行性猛禽，晚上會一同聚在夜棲地睡覺，直至早上從夜棲地離開。如果麻鷹已佔據領域，牠們便會飛回自己的領域內活動，其餘便各自飛往不同地點獵食。夜棲地及部分覓食地點均屬麻鷹的公共區域，常理是不會受其他麻鷹伙伴驅趕，被搶食或被欺負的原因便無從稽考了。

黃昏時分，麻鷹開始返回夜棲地，沿途不斷盤旋，等候同區伙伴加入，才繼續往夜棲地的方向前進，形成麻鷹集體在城市上空盤旋的景象。

香港的麻鷹

麻鷹們陸續歸來，較早回到夜棲地的麻鷹會佔據較開揚的位置站棲，然後開始整理羽毛。在接近日落之際，當其中一隻麻鷹猶如帶領者般飛出來時，站在樹上的其他麻鷹便會一同飛出來盤旋，這情況稱為「晚點名」，數量可以達到數百隻，一般只會持續數分鐘。其後牠們會到較為隱蔽的地方降落，預備睡覺，結束一天的活動。

1.4 香港麻鷹調查

在香港，麻鷹調查主要由香港觀鳥會麻鷹研究組負責，研究組成立於二〇〇五年，定期每月到麻鷹夜棲地進行麻鷹同步調查，以及在每年繁殖期進行麻鷹巢調查。香港觀鳥會麻鷹研究組每月會在馬己仙峽、大角咀面向昂船洲海邊及西貢碼頭進行同步調查，記錄每月的麻鷹數量。

馬己仙峽

西貢羊洲

昂船洲

使用望遠鏡數算數量

避免重複點算麻鷹，寧少勿多

　　夏天調查時，因麻鷹數量有限，點算較容易及輕鬆，而且準確率高，利用單隻數算也綽綽有餘。但到了冬天調查時，就會發現難度系數急升，特別是準備夜棲的麻鷹們同時在棲地上空盤旋，數量有機會超過五百隻。

　　這時候單隻數算會較為難以實行，會以五隻或十隻為一組作快速數算。但基於科學精神，還是必須盡量避免重複點算，寧少勿多。雖然數量之多令人眼花繚亂，不過這正是數麻鷹最大的挑戰和樂趣，這般震撼的畫面還真是百看不厭。

調查方法：從固定觀察位置開始，環繞三百六十度由左至右呈 W 形方式，利用望遠鏡觀察，不論距離遠近的麻鷹都須點算一次。

清楚分辨麻鷹、
烏鴉或是疑似麻鷹的雀鳥

　　在夜棲地也有其他雀鳥棲息，當中烏鴉與麻鷹的體形最為相若及兩者均為深色，遠距離觀察下容易混淆。為減少誤判，主要透過兩者的飛行形態作分辨：麻鷹長時間滑翔，甚少拍翼；烏鴉則會不斷拍動翅膀。

　　但是站立時該怎麼辦呢？也有方法！就是觀察尾羽長度，麻鷹的尾羽跟身體長度比例接近 1:1，而烏鴉只有小短尾。

｜ 左圖為烏鴉，右圖為麻鷹。

避免直視太陽

調查麻鷹的時間剛好是日落，在部分地區調查時難免會看到太陽，這時候使用望遠鏡就需特別小心，避免直接觀看太陽。因為強烈的光線會透過望遠鏡放大，輕則眼前一黑，嚴重者可導致失明，千萬要注意！

| 謹記避免直接觀看太陽。

數麻鷹小遊戲

相片中到底有多少隻麻鷹呢？

Level 1

_____ 隻

Level 2

_____隻

_____隻

Level 3

答案：Level 1 有 43 隻；Level 2 有 10 隻；Level 3 有 140 隻

麻鷹吃甚麼？麻鷹有耳朵嗎？

麻鷹的壽命有多長？麻鷹怎樣換羽？

十個秘密為你一一揭開！

麻鷹之城──我的觀鷹手記　　✕　Q

有關麻鷹的十個秘密

秘密 **1**

| 老鼠成了鷹爪下的獵物。

麻鷹吃甚麼？

　　麻鷹主要吃魚、腐肉和死去的動物，牠們是大自然清潔員。在繁殖期時麻鷹需要育雛，食物需求量大增，當主要食物來源不足時，就會捕捉活雀和其他小型動物。

　　麻鷹捕獵時，會根據風向選擇逆風降落，這樣較利於控制飛行速度和高度。但是剛出巢的幼鳥還未能掌握要點，經常順風降落，結果常常因飛行速度太快和高度過高而錯失抓到獵物的機會。而且麻鷹喜愛群體活動，抓不到食物的瞬間可能被後方的成鳥有機可乘。

| 用爪抓緊魚兒，又是豐盛的一餐了。

| 在水上獵食需要精準判斷。

秘密 **2**

麻鷹有耳朵嗎？

　　麻鷹是有耳朵的，只是沒有耳殼，牠的耳洞藏在眼睛後方的黑色耳羽內，被羽毛完全覆蓋。麻鷹飛行時，如果耳洞沒有羽毛覆蓋，氣流會直接衝進耳道進入耳膜，導致牠們只能聽到風聲而妨礙聽覺。而且，麻鷹長時間在野外地方生活，耳羽也能防止小型昆蟲和雨水進入耳道。

秘密 **3**

麻鷹的壽命有多長？

上圖：小鷹
攝於二〇二一年

下圖：小鷹
攝於二〇〇七年

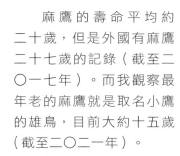

麻鷹的壽命平均約二十歲，但是外國有麻鷹二十七歲的記錄（截至二〇一七年）。而我觀察最年老的麻鷹就是取名小鷹的雄鳥，目前大約十五歲（截至二〇二一年）。

剛離巢的小麻鷹，身
上較多白色斑紋。

麻鷹怎樣換羽？

秘密 4

　　除了剛出世的麻鷹幼鳥外，亞成鳥及成鳥每年四月至九月都會更換羽毛，而且是全身更換。

　　四月繁殖季節時，雌鳥在巢內孵蛋，此時雌鳥會率先把舊羽毛拔掉，從初級飛羽 P1 開始；而雄鳥由於需要高效率飛行，所以換羽期會比雌鳥晚一點。

　　當更換初級飛羽 P5 時，牠們會同時更換次級飛羽、尾羽、翼上覆羽及身體羽毛，這時正值炎熱的夏天，可能拔掉羽毛能幫助散熱吧！除了剛離巢的幼鳥外，這時候觀察到的麻鷹，大多數都是羽毛破爛地在空中飛翔。

　　到了九月，大部分麻鷹已經接近全部更換羽毛。而前一年出世的亞成鳥更換了成鳥漂亮的羽毛，剛好準備開始下年度繁殖季節配對。

換羽中的成鳥，身上的白
色斑紋明顯較少，羽毛開
始破爛不整齊。

秘密 5 如何辨認不同個體的麻鷹？

每一隻麻鷹的羽毛斑紋就像人類的指紋一樣獨一無二，所以我會對比每一隻麻鷹的初級飛羽和尾羽的斑紋組合，看看是否不一樣。另外還會觀察麻鷹本身的缺陷，例如腳趾失去爪尖、左翼失去一條羽毛、過去一星期的羽毛損耗對比，從而分辨每一隻個體。

| 大麻：初級和次級飛羽有斷層，尾羽斑紋特別

| 大頸泡：頸上有腫塊

| 小鷹：左翼初級飛羽 P6 變形

| 毛斑：初級飛羽 P5、P6 白斑較少

我以鷹體特徵為牠們取名

有關麻鷹的十個秘密

佑賜：右翼初級
飛羽 P4 向外變形

金図：初級飛羽明
顯白斑，頭部左耳
沒有耳羽

波子：左腳腳爪失去爪尖

長嘴鳶：喙部很長

秘密 6
怎樣分辨雌雄麻鷹？

左小鷹（雄鳥）
右大麻（雌鳥）

除了驗血外，目前還沒有資料顯示如何利用目測來準確分辨雌雄麻鷹。在非繁殖期時，從外觀上難以分辨雄鳥及雌鳥。但一到繁殖期，分辨雄鳥和雌鳥變得相對容易：

一、雌鳥的羽毛較雄鳥豐滿肥美，可觀察飛行時腳部周邊的羽毛量。

二、雌鳥為了儲備生產鳥蛋的能量，飛行時間減少，經常在樹上或建築物上站棲，不斷對着雄鳥鳴叫。

三、亦有難度較高但較精準的方法，就是觀察泄殖腔。在非繁殖期時，雄鳥和雌鳥的泄殖腔大小相同。不過踏入繁殖期，雌鳥的泄殖腔會變大，而且距離生產時間越近，排便次數也會頻密。

秘密 7
麻鷹屬於領域性動物？

麻鷹當然屬於領域性動物！沒有領域等於沒有後代！領域大小視乎實力和地段，有的小至一棵樹，有的大至整個海灘。

剛剛踏入成鳥期的雄鳥需要先找到自己的領域，以作繁殖之用，然後就是盡力守護以及盤旋，等待心儀對象的出現。驅趕其他雄鷹及努力得到雌鳥的垂青，均為雄鳥的重要任務。有了雌鳥的陪伴後，雄鳥在繁殖期開端便會在領域內找一個位置築巢。

秘密 **8**

麻鷹巢由甚麼東西組成？

　　麻鷹巢主要由樹枝組成，但麻鷹出沒地點接近人類的生活範圍，因此巢材還會包含人們的日常用品，例如：紙巾、報紙、毛巾、工業手套、內衣褲等。這些物品都較柔軟，鋪在巢中央，可以保護鳥蛋免受硬物撞擊，對孵蛋者來說也應該會舒服許多吧。麻鷹所選擇的巢材還有一個共通點，就是都以白色為主。外國研究顯示，麻鷹巢含越多白色物件，則證明牠們的實力越強。

秘密 **9**

甚麼是麻鷹繁殖期？

麻鷹的繁殖期是每年一月至六月。

一月開始是求偶及築鷹巢的時間，麻鷹會使用上一年的舊巢，作適量的修補，添加一些巢材繼續使用。如果上年使用的舊巢不幸倒下或不稱心，牠們便會在領域中另覓位置重新建造。

有關麻鷹的十個秘密

交配後，觀察雌鳥飛行時，在特定角度下可看見雌鳥腹部羽毛漲了起來，即表示牠會在數天後生蛋。

　　二月至三月春天來臨，是麻鷹交配的好時機。雌鳥為了儲備能量產卵，經常停留在建築物或樹上休息。當看見雄鳥飛來，就會對着雄鳥鳴叫，呼喚牠過來交配。麻鷹一天交配多次，有時每兩小時便會有記錄，每次交配的時間只有短短十秒。交配成功與否，雌鳥站立的位置和雄鳥的平衡力事關重要，而且雌鳥還需承受雄鳥的重量和動作的衝力，兩者稍有差池都會導致失敗。不過即使失敗了，約半小時後雄鳥便會回來再嘗試。

產卵後數天還會繼續有交配行為，但即使交配成功，並不代表一定會有第二胎。麻鷹一般一季生產一隻或兩隻鳥蛋，沒有既定數量，過往也有案例一巢內竟有三隻鳥蛋，不過當然不是有蛋就代表有小寶寶出生。

三月至四月，大部分參與繁殖的麻鷹已經開始孵蛋了，麻鷹孵蛋期約長三十二至三十五日。此時雄鳥會負責守護領域和攜帶食物回來給雌鳥。雌鳥則長時間伏在巢內孵蛋，有時也會短暫離巢，飛到附近的樹或建築物上稍作休息及進食。雄鳥看見雌鳥離開後，雄鳥就會進巢幫忙孵蛋。雌鳥休息完畢後，就會飛回巢換班。不過有部分巢的雄鳥似乎很熱愛孵蛋，雌鳥回來後也不願離開。這時雌鳥便會把牠趕走，由自己繼續負責孵蛋工作。

四月至六月是見證麻鷹寶寶孵化的時候，剛出生的小寶寶沒有絨毛保暖，雌鳥會一直伏在巢內為其保暖。一週大的小寶寶便懂得站立，從觀察點可看見牠在巢裏探頭。再過七天，體積更可長大一倍，若鷹巢面積較小而且有兩隻寶寶，就會顯得格外擁擠，麻鷹媽媽便需要站在巢邊照顧牠們。小寶寶滿月後開始長出飛羽，可以自行保暖，母鳥不再需要長時間陪伴在旁，晚上會獨留小寶寶在巢內。四十日大的小寶寶開始練習拍動翅膀，鍛煉飛行肌肉。再過約十天，小寶寶開始嘗試離巢試飛。當小寶寶有基本的飛行能力，便屬正式離巢，但晚上還是會在巢附近棲息。由此推算，麻鷹寶寶由破殼而出到離巢需時約六十日，意味着本年度繁殖期正式結束。

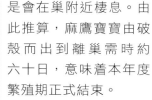

秘密 **10**

麻鷹會
攻擊人類嗎？

麻鷹一般不會主動攻擊人類，但繁殖期例外，雌鳥會對巢附近的事物十分敏感和緊張。如果人類長時間站在巢附近，牠們會誤以為有威脅性，就會飛出來攻擊人類。除了麻鷹外，紅嘴藍鵲也有類似情況，當親鳥覺得受威脅就會攻擊。

如果不幸被麻鷹或其他雀鳥攻擊，建議一邊把手舉向雀鳥方向及一邊用手保護頭部，如果有雨傘或帽子也盡量使用，然後盡快離開，避免親鳥過分緊張。當入侵者離開領域範圍後，親鳥就會停止攻擊，繼續回巢育雛。

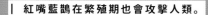

| 紅嘴藍鵲在繁殖期也會攻擊人類。

CHAP

對於大部分動物而言，
生育繁衍可謂是生活當中的重中之重，
麻鷹當然也不例外。

TER.3

繁殖區
愛情故事

繁殖區地域分佈圖

2021

作者的家

獵食水域 B

觀察範圍外
雄鳥：咪仔
雌鳥：大嬌

波子領域
雄鳥：波子
雌鳥：白斑

毛斑領域
雄鳥：毛斑
雌鳥：金囡

侵侵領域
雄鳥：侵侵
雌鳥：小麻
前身：白頭仔領域
雄鳥：白頭仔（2013-2017）
雌鳥：大嬌（2013-2018）
雌鳥：芝麻（2016）

佑賜領域
雄鳥：佑賜
雌鳥：大頸泡
前任伴侶：
花花（2015）
白斑（2016）

晉仔領域

小鷹領域
雄鳥：小鷹
雌鳥：大麻

獵食水域 A

3.1

小鷹與大麻

男主角

姓名：**小鷹**

年齡：約十五歲　　　　性別：雄鳥

特質：繁殖區內的老大。害怕人類，但大麻在附近會變得勇敢。

配偶：大麻

名字由來：源自「麻鷹」，因雄鳥體形較小所以稱為「小鷹」。

姓名：**大麻**

年齡：約十三歲　　　　性別：雌鳥

特質：不怕我接近，但是不能接受陌生人。對雄鳥工作完全不感興趣。

配偶：小鷹

名字由來：源自「麻鷹」，因雌鳥體形較大所以稱為「大麻」。

女主角

故事   THE STORY

小鷹是一隻雄性麻鷹,是我認識最久的麻鷹,首次記錄到牠是二〇〇七年三月十三日,當時的牠還是一個初出茅廬的小朋友。直到二〇〇九年,小鷹認識了牠的終身伴侶——大麻,並開始築巢進行第一次繁殖。過去十多年來,牠們經歷多個三號、八號,甚至十號風球,還有紅、黑雨的日子,即使三度搬遷鷹巢,依然相伴而行,每天往返繁殖區及夜棲地,捍衛牠們的家園。相信麻鷹的情感與人們相像,牠們這對恩愛夫妻,十年如一,相互依賴。

麻鷹普遍比較怕人,小鷹也不例外,牠是一隻對麻鷹同類兇狠,對人卻很膽小的麻鷹。相反大麻的性格可是截然不同,大麻會站在天台、行人路上方的樹或燈柱上,即使我走在正下方仰望牠,牠仍不為所動,最誇張一次只距離大麻八米遠。(要記住大麻是野生猛禽!)若然小鷹

| 二〇〇七年,初次遇上小鷹。

| 二〇〇九年大麻（右）來到繁殖區,小鷹（左）在旁。

獨守繁殖區，牠只會在高空盤旋，絕不會讓我輕易接近。倘若大麻回來，小鷹的飛行高度就會大大降低，甚至降落在大麻身旁，比較不怕我接近。是不是想表現出男子氣概？是想保護老婆吧！生怕我會把牠老婆捉走似的。

　　大麻與小鷹共同經歷日常生活中的瑣事，譬如換毛期、捍衛所屬領域、交配、繁殖、養育下一代等等。當然，麻鷹和人類一樣，也會面對各種困境，譬如受傷、對抗入侵者，有的甚至夫妻關係都要謹慎處理。

| 小鷹站在燈柱上注視着我。

| 膽小、較怕人的小鷹。

| 小鷹（右）正驅趕入侵其領域者。

繁衍

　　對於大部分動物而言，生育繁衍可謂是生活當中的重中之重，麻鷹當然也不例外。繁殖季節來臨，交配也就成了麻鷹生活當中的重要事項。但不是每一次的交配都能如願以償。

　　某天黃昏，我看見大麻正站在天台休息，便駐足觀察，當天不論位置、天氣還是光線都恰到好處，十分適合拍攝，我便架設攝錄裝置，期待着驚喜。約半小時後，傳來小鷹的鳴叫聲，接着牠便降落至大麻的背部，但因落點有誤，重心向前傾，以致泄殖腔沒能成功地「接合」，是次交配宣告失敗。其後，「當事鷹」各自站在天台整理羽毛，到日落才離開。有時候，大麻會不斷呼喚小鷹前來交配，可是小鷹忙於驅趕各路敵人，久久未能出現，直至日落時分，大麻便先行離開，往夜棲地飛去。

小鷹與大麻交配失敗全記錄

倘若交配成功，麻鷹經歷短暫的孕期，便會產下鳥蛋。這期間大麻的動作會不太自然，排泄會由噴射轉成滴落，盤旋時會把腹部羽毛微微打開，孕期內的雌鳥，泄殖腔會比非繁殖期時要大上數倍，而且腹部鼓脹，說明不出數天便會產卵。

當大麻臨盆在即，都是睡在巢邊，而不像往常一樣飛到遠方的夜棲地休息。這樣即使突然在夜半分娩，也能立即回巢作準備。麻鷹雌鳥的肉體只比男士的手掌大一點點（約 22 厘米），要產下一顆雞蛋般大小的蛋（約 5.4x4.3 厘米），可是一件相當辛苦的事。

截至二〇二一年，大麻共產下二十隻鳥蛋。每次觀察大麻生產，看起來都非常費力。生產前，大麻會站在巢中央動也不動，兩邊翅膀垂下，尾羽稍稍抬起，尾下覆羽也會打開，靜候新生命的來臨。當蛋已經到達泄殖腔出口，以致大麻產生排便動作後，便開始進入生產程序。過程中，大麻全身的羽毛都會豎起來，出盡全力的樣子。一般情況下，只需大約五分鐘，大麻便能順利把蛋產下。整頓後，大麻會留下孵蛋，小鷹則繼續負責找食物。大麻媽媽偶爾也會離巢小休片刻，這時小鷹便會溜進巢孵蛋，只不過待大麻放風後回巢，便會無情地把小鷹趕走。

懷孕的大麻，其腹部微微脹起。

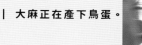
大麻正在產下鳥蛋。

| 小鷹被老婆趕跑前的一刻。

　　每逢小寶寶破殼而出，兩夫妻便會提高警覺。小鷹經常停留在巢附近，監視有沒有敵人進入領空或是對小寶寶有不軌企圖。如果這段時期我在小鷹的巢附近出現，大麻小鷹便會使出「八字形」攻擊法。大麻和小鷹會看準時機，藉着我背向陽光的一刻，在陽光的掩護下突襲，如戰鬥機一般，俯衝至我頭上大約一米的距離掠過。攻擊後往上飛，緊接小鷹從後方再次發動攻擊，一招「聲東擊西」相信會讓大部分入侵者落荒而逃吧。當然，其中不包括身經百戰的本人。

　　在養育小寶寶的過程中，小鷹須同時承擔起家庭的重任及守護領空的太平，不但要驅趕巢附近的麻鷹，還要留意本人的「行徑」，甚至擔起保姆的工作，為小寶寶找尋食物。小寶寶此時會格外依賴爸爸，看見小鷹便會瘋狂大叫，甚至對小鷹窮追不捨。

│ 大麻留巢孵蛋。

│ 小鷹和大麻的孩子在瘋狂大叫。

小鷹也會偷懶，如被大麻發現，大麻便會降落在小鷹身旁，催促牠快去給寶寶找尋食物。一般而言，小鷹把食物送回巢後，由大麻負責餵食。有時候也會出現小插曲，小鷹把食物交給大麻後，大麻會下意識地把食物吃掉，我猜小寶寶看着到嘴邊的肉跑了肯定很想哭吧。無飽期的小寶寶會瘋狂搶奪食物，甚至會不慎把大麻弄傷，亦會在爸爸媽媽休息時，一邊叫嚷着，一邊衝過來，嚇得大麻小鷹立刻飛走躲避。這也是為甚麼在養育寶寶的過程中，大麻經常會遍體鱗傷，可見寶寶的攻擊力有多麼驚人！

不論人類，還是麻鷹，養育下一代都是既繁瑣又操心的事。小寶寶約四十天大，便會在巢邊練習拍翼，掌握拍翼技巧後才能正式學習飛行。學飛初期，大麻小鷹會在天空盤旋陪伴左右，以便保護小寶寶。其他麻鷹會趁機偷襲兩夫婦，幸好牠們身手敏捷，輕鬆躲過攻擊並將施襲者擊退。在雙親的呵護下，寶寶日漸成長，約六十天大時，已經學會飛翔，牠們還需要懂得如何獨立生存，這時距離正式離家還有兩個月……

正在偷懶的小鷹（左），遭大麻（右）發現。

大麻在哺育小寶寶。

為令寶寶明白鳶間疾苦，大麻小鷹有自己的育兒之道。譬如，向來寶寶在肚子餓時，會飛到大麻或小鷹跟前鳴叫，索取食物，這時大麻小鷹對其不予理睬，堅持不給予食物及任何協助，最後寶寶只好隻身前往海邊覓食，被迫成長。

兩個月後，小麻鷹已能獨當一面，要獨自踏上鳶生旅程。但總有不願離開，還在巢附近徘徊的孩子。這時候，夫妻倆會採取截然不同的方式與孩子告別。

小鷹會衝向寶寶並發動攻擊，用暴力把牠們趕出領域外；大麻的方法顯得溫柔許多，牠會飛向寶寶，與其共同進退，作為引導者陪伴牠們飛離繁殖區，歷時可長達一個月。在這段時間不會看見大麻和寶寶，只有小鷹看守領域。當大麻回來後，寶寶已經在遠方快樂地飛翔。當然，也有寶寶能找到回家的路，可惜毫無懸念的再一次被小鷹狠狠地趕跑。

相伴

繁殖期結束，大麻小鷹的生活節奏迅速放緩，回復平靜。小鷹每天早早出現，穿梭於繁殖區內幾個最高點。牠的日常主要工作就是守護繁殖區，驅趕入侵者，簡單來說就是飛來飛去。站於區內最高點，可向外來者宣示地方主權，硬闖進領空的麻鷹一律會被視為競爭者，小鷹會先向其鳴叫發出警告，如對方還繼續逗留，小鷹便會追趕牠，甚至發動攻擊。相反大麻能不動則不動，可在同一位置逗留超過兩小時，不是在整理羽毛，就是在整理羽毛。（奉勸各位千萬不要跟愛美的女生比耐性！）

| 理羽進行中……

小鷹對其他鷹宣示地方主權，對我則宣示大麻的主權。幾乎每次我停留觀察大麻，小鷹都不放心，第一時間就會飛來，停留在大麻附近，除非有入侵者，否則絕不離開。深信我早已被小鷹列入黑名單，是怕我會抱走大麻嗎？雖然我也很想啊……

| 我本來躲在小鷹看不到的地方，結果小鷹探頭偷看。

颱風來襲，對於一眾麻鷹來說，必然是毀滅性的打擊。他們要面臨的可能是家破人亡。大麻和小鷹這對夫妻，卻讓我心生敬意。二〇一八年超強颱風「山竹」肆虐，整晚狂風怒號。隔日觀察，發現大麻小鷹曾站過的樹木和天台均受到不同程度損毀，對上一年使用的舊巢亦倒下，而當年使用中的巢前方樹枝和樹葉有部分整個被吹走，但是巢依然完整地固定在樹上。可見，在築巢方面，這對夫妻頗有心得。可惜這個巢還是敵不過二〇二〇年的一場熱帶風暴而倒下了。後來發現倒下的原因是旁邊的樹根部斷裂，倒下時把巢樹一併壓倒，毀掉了他們花心血建築的愛巢。

香港的夏天酷熱難當，麻鷹的體溫本已達約四十一度，加上酷熱的天氣，使他們分外難受。特別是大麻，牠的羽毛十分豐茂，雖然夏天已經踏入換羽季節，羽毛能換掉的已經換掉了，不過酷熱天氣對牠來說還是很熱。此時，大麻會張開口透過喘氣頻率增加呼吸量，讓更多的空氣進出氣囊，達到散熱效果，若當天太陽不太猛烈，大麻還會到天台曬羽毛，享受日光浴。而小鷹則很享受在熱氣流中翱翔的感覺。這種時候，當大麻在海上抓到魚後，便會立即躲在樹林內，躲開太陽，在陰涼處享受牠的美食。

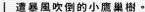
| 遭暴風吹倒的小鷹巢樹。

| 大麻張開翅膀享受陽光。

曾有一次拍攝大麻孵蛋，見牠行動詭異，於是放大相機鏡頭，看見原來有一隻大膽的螞蟻，慢慢爬向大麻的右眼。大麻在自然反應下，扇動眼簾，螞蟻便慘死在大麻的眼簾上了。螞蟻的屍體讓大麻感到不適，於是牠不斷地利用肩膀的羽毛擦拭眼睛，但是不太成功，最後不得不離開巢穴，整理了一會兒才回來。記錄在此，算是大麻的一樁軼事。

二〇〇九年一月，大麻出現，成為小鷹的伴侶。日月輪轉，大麻小鷹數遷其居，養育了十九個新生命。兩隻麻鷹，多年來陪伴彼此，不離不棄，老夫老妻間不需甜言蜜語，對彼此的信任和依靠更值得嚮往。雖然牠們每天都互傾情愫，但作為旁觀者的我，對其內容也是不得而知了。

大麻利用瞬膜，把爬上其眼部的螞蟻（箭嘴示）幹掉。

註：瞬膜是鳥類和爬行類動物用來遮蓋角膜，藉以濕潤眼球的半透明眼簾。

| 小鷹（左）和大麻（右）站在一起。

戴腳環的麻鷹

根據過往的經驗，經過香港嘉道理農場暨植物園處理受傷的麻鷹，康復後會戴上腳環。

大麻抓來一隻灰麝鼩
(*Crocidura attenuata*)

大麻捕蟬

麻鷹把蟬視為一款可口的零食。

大麻和小鷹的交配片段

2016/02/16 大麻 生產記錄

2019/02/12 大麻 生產記錄

3.2

佑賜與大頸泡

男主角

姓名：**佑賜**

年齡：約八歲　　　　性別：雄鳥

特質：愛參與雌鳥的工作，例如孵蛋和照顧小寶寶。常闖入小鷹的領
　　　域，然後被小鷹追趕。

配偶：大頸泡

名字由來：「右翅」的諧音，右翼 P4 羽毛變形。

姓名：**大頸泡**

年齡：約六歲　　　　性別：雌鳥

特質：隱世築巢高手，只需三天便完成。愛偷懶，寶寶出世後經常溜
　　　出巢。

配偶：佑賜　　　　名字由來：頸上有腫瘤。

女主角

女二

姓名：**花花**

年齡：約四歲（最後出現記錄：二〇一七年五月二十七日）

性別：雌鳥　　　　特質：觀察時間短，個性不明。

配偶：佑賜（前任）

名字由來：左眼眉沒有羽毛，像掛了一朵花的裝飾。

故事  THE STORY

| 佑賜

佑賜是我自二〇一四年開始觀察的一隻麻鷹,之所以叫牠這個名字,是因為牠右側翅膀上的羽毛走偏了,形成隙縫,故取「右翅」諧音起名。起初,我並不知道佑賜的性別,直到某次,觀察到牠與另外一隻麻鷹交配,我才得以確定,牠是一隻雄性麻鷹。

浪子

這年,佑賜交了第一任女朋友花花,可牠們的感情並不穩定,雖然有交配記錄,但是花花並沒有生產。繁殖期後,花花曾一度失蹤長達半年,之後又突然出現,我當時在毛斑(會於後面介紹)領域內觀察二十多隻麻鷹中發現了牠。過了不久後,花花就到了別處生活,在二〇一七年五月二十七日最後一次記錄後,便再沒有發現牠的蹤跡了。

二〇一六年初,佑賜意外受了傷,牠的右腳爪不能收起,在半空中懸掛着。在受傷期間,陪伴在牠身邊的卻是另一隻雌鳥,經常在佑賜的領域低飛盤旋,似乎想與佑賜接近。但那段時間,佑賜沒有與牠有太多互動,但也沒有將牠驅趕。待腳傷痊癒,佑賜與那雌鳥有了第一次的交配。於是,我給這隻雌鳥也起了一個名字——白斑。白斑的意思,就是飛行時初級和次級飛羽白色斑紋較多,所以稱呼牠「白斑」。

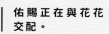

| 佑賜正在與花花
交配。

| 白斑

| 佑賜經常弄傷腳爪。

好景不長，佑賜似乎是麻鷹界的浪子，果真是一隻「沒有腳的鳥」，白斑離佑賜而去。沒過多久，便又再與第三位麻鷹女士交配。當然，牠們的關係只維持了短短一個月時間。不知為何每段關係到最後女方都會選擇離牠而去。佑賜，你有哪方面的問題呢？不妨飛來聯絡觀察員看看有甚麼需要幫忙？

真命天女

本以為佑賜要孤獨一輩子，直到牠遇上第四位女伴 —— 大頸泡，是本章的女主角，與佑賜開展了一段穩定的關係，還為牠誕下寶寶。題外話：牠之所以叫大頸泡，是因為起初發現牠時，牠的頸部左側腫脹，有一個腫泡。其後的觀察中，

也沒有發現消退的跡象，但似乎對生活沒有帶來太大的不便，只是鳴叫聲比較沙啞，距離較遠時幾乎聽不到牠呼叫。自二〇一七年一月開始，大頸泡的腫塊似乎日漸收縮了，變回正常。不過，大頸泡的頭部看起來總是怪怪的，牠的額頭前端就像被削去一樣，變得扁平。

從那時起開始，佑賜與大頸泡，便開始努力的進行「造鳥」計劃。牠們確實有了一些成果，在二〇一八年開始成功築巢和孵出麻鷹寶寶。可是，就在二〇一八年四月六日的晚上，一場無情的強烈季候風來襲，將佑賜與大頸泡的巢吹掉了。隔天下午，我來觀察時看到大

| 手掌大的小天使，請安息。

頸泡呆呆地站在樹上，動也不動，像是受到了甚麼刺激，我隱約感到事情不對，便走近觀察，這才發現，牠們的巢，居然從樹上整個消失了。我立即往該樹方向奔去，到達後，眼前的光景讓我震驚，牠們只有數天大的孩子與本應溫暖的窩，都已散落在地上，留下一片狼藉，兩隻小寶寶已經當了小天使離開了。剛出生的雀鳥寶寶需要依靠成鳥的體溫保暖，一旦離開母體太長時間便容易失溫。手掌大小的孩子已經失去了溫度，失去了長大的機會。或許這才是現實世界吧！不單佑賜與大頸泡從悲劇中成長了，作為觀察員更甚。

生活還是要繼續下去。佑賜與大頸泡，在後來的一個星期之中，不斷撿拾樹枝，放在曾經被吹倒的位置，不知是內疚，還是傷痛，又或許是一種紀念寶寶的方式吧。後來，白斑的小寶寶誤入到佑賜的領域內，若在正常情況下，佑賜或會對入侵者進行驅趕。但這次，兩夫妻並沒有驅趕小麻鷹，而是與小麻鷹結伴而行，像是教導，像是陪伴。似乎，對於牠們來說，即使是與其他同類的孩子有一些互動，亦能滿足牠們心中那一絲為人父母的願望。

| 大頸泡坐巢中。

讓人欣慰的是，二〇一九年的繁殖季來臨，牠們再次迎來了新生命。在經歷了一次喪子之痛過後，佑賜和大頸泡在築巢上面下足了工夫，努力地嘗試各種巢材，築巢成了牠們生活當中的重要任務。這一年，即使狂風暴雨再次來襲，佑賜和大頸泡的巢安然無恙，小寶寶也能安全地成長着。隨着日子流逝，大頸泡和佑賜的小寶寶變得越來越活躍，會在巢的附近飛來飛去。當小寶寶看見佑賜和大頸泡飛近，就會追着爸爸媽媽，一邊飛，一邊討要食物。佑賜和大頸泡看見寶寶打開雙翼飛過來，便會慢慢等待小寶寶靠近，然後突然之間轉身避開，這種方式也可以訓練小寶寶的轉向能力。

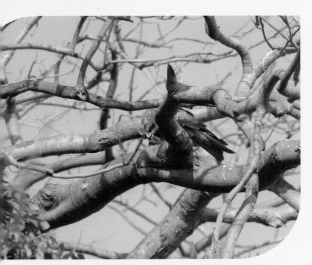

| 佑賜自肥，獨自吃掉找到的食物。

佑賜組織了家庭後，會在大頸泡坐巢時幫忙覓食。某天，佑賜找到了一隻已死去的鴿子，抓着在空中盤旋。大頸泡見到丈夫帶來晚餐，便飛到佑賜身邊，可是佑賜似乎想獨享美食，看到老婆衝過來，牠便躲閃騰挪，帶着鴿子飛走了。大頸泡飛回樹上，發出了一連串的叫聲，難道是在咒罵佑賜嗎？聽到了大頸泡的鳴叫，佑賜盤旋了一陣子，便將爪上的肉食放在大頸泡身前，然後另尋食物去了。

最近一次，佑賜帶食物回巢，我本以為大頸泡會接過食物，怎料牠拒收並離開了，弄得我百思不得其解。只見佑賜站在原地，看守着巢，過了一會，便把自己帶回來的食物給吃掉了。百思不得其解的我決定翻查過往記錄，發現佑賜的行為及動作，很高機率是在求交配，難怪大頸泡拒絕了你的「好意」。還以為佑賜能一改從前的「浪子」形象，現在形象全毀了呢！

| 勤力收集巢材的佑賜。

當然，佑賜也有表現得像一位丈夫的時候。二○二○年大頸泡再次懷孕，佑賜表現得十分興奮，不斷從樹林內、馬路上和海邊來回撿東西，包括樹枝、紙巾和報紙，來建造新的巢。沒過多久，大頸泡順利把蛋產下。即使完成生產，佑賜與大頸泡的目標還遠遠沒有完成。牠們還需要經歷一個月左右的孵蛋過程，而且雙方需輪番上陣。相對來說，佑賜似乎更喜歡孵蛋的工作，反而大頸泡經常「曠工」，外出玩耍。寶寶孵化後，父母倆共同照顧着活潑的孩子。寶寶出生一週後，我如常來到佑賜的巢觀察，牠和大頸泡均站在樹上，過了大約半個小時都沒有進巢。即使兩夫妻進巢後，往常會表現得很興奮的小寶寶，竟沒有一如既往般雀躍地迎接牠的爸媽。這讓我心生疑慮，由於寶寶還小，母鳥晚上必定會陪伴在旁，所以到了晚上，我再次回到佑賜巢前，巢內仍是一片死寂，佑賜和大頸泡亦不在巢的四周。看來，佑賜和大頸泡，再一次的失去了他們的寶寶。小生命尚未來得及感受天際，就這樣悄無聲息

佑賜叼來細小樹枝當巢材。

地逝去了。

時間移到二○二一年，佑賜和大頸泡在附近一起建新巢，新巢位置比過去數年更開揚。不過在建築初期，只有佑賜一個負責建巢，牠經常找來細小樹枝，放到樹上後，細小樹枝還沒有互鎖，便掉到巢底去了。過了一星期，新巢進度並不理想，大頸泡看見自己快要生產了，若旨意老公的建築進度，只能找個天台生產了！結果大頸泡忍不住開始幫忙，跟佑賜不一樣的是，大頸泡帶來又長又粗壯的樹枝，樹枝能緊緊連接起來。

不消三天，巢已經初步成形了，只要蓋上白色軟綿綿的物品，就可以使用。不愧是隱世築巢高手——大頸泡！然後，佑賜和大頸泡又有了

佑賜整個頭部幾乎被巢材遮蓋着。

自己的孩子。不知為何牠們總遇厄運，兩隻寶寶又只剩一隻了。是風水不好嗎？希望小寶寶今年能茁莊成長。大頸泡外出覓食，給寶寶帶了一份「下午茶」—— 一隻鳥腳。當下並沒有太過在意，雀鳥殘肢也算是常見食物。但當我再去到另外一個領域時，佑賜的遭遇，引起了我的注意，牠正被一群八哥追打，

於是我趕緊將這一幕用相機記錄下來。仔細查看，原來佑賜抓住了一隻八哥寶寶，寶寶慘被佑賜拔毛，發出悲鳴。佑賜你竟然捉了別人家的寶寶來餵自家小孩，難怪會被一群八哥圍毆。一般來説，麻鷹很少捕捉活雀，但手到拿來的還是很樂意接受。

| 小八哥 R.I.P.

| 大頸泡（右）驅趕烏鴉。

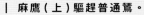

| 麻鷹（上）驅趕普通鵟。

領空

麻鷹有着很明確的領域分界。經常在領域邊緣飛翔，而佑賜的領域旁邊，便是前文提到的小鷹。若然小鷹感覺到佑賜入侵了自己的領域，便會降落在最靠近的天台，對佑賜表示抗議，更會對牠發出鳴叫警告。少根筋的佑賜會選擇完全無視小鷹的警告，直到小鷹起飛追趕，佑賜才會立即飛回自己的領域內。此情此景幾乎每天上演，佑賜真的不懂吸取教訓呢！大頸泡也有經常入侵小鷹領域的記錄。當時，

大麻和小鷹都在自己的領域內飛翔，見到大頸泡飛進，便不斷攻擊牠。大頸泡似乎不懂規矩，即使被攻擊了，還繼續在小鷹的領域裏翱翔。在受到六次攻擊後，才終於飛回自己的領域裏。

當然，佑賜和大頸泡的領域，偶爾也會遭受外敵入侵。一次，牠們的領域便受到了大嘴烏鴉的入侵，其中一隻烏鴉很喜歡在巢的附近飛來飛去，之前有過大嘴烏鴉入侵的情況，都是由大頸泡來進行驅趕，而佑賜站在一旁觀察。這次由佑賜專門驅趕烏鴉，而不用老婆大

頸泡幫忙。佑賜驅趕烏鴉的技術明顯要比大頸泡好一些，即使烏鴉突然急停轉向，進出樹林，佑賜依然可以緊緊地追趕烏鴉。這也讓我觀察到，身形細小，重量輕巧的公鳥，飛行能力遠遠好過雌鳥。另有一次，佑賜的上空來了一位稀客，牠是普通鵟，在這裏是冬候鳥。佑賜知道普通鵟入侵領空後，便起飛追趕。

佑賜會趁着小鷹、毛斑和咪仔（其後篇幅會作介紹，反正就是鄰居）都不在繁殖區域時闖進去到處亂飛，在毛斑管轄的水域內尋找食物，然後才慢慢地飛回自己的領域。不知道這三個領域的主人知道佑賜的行為，會不會聯合起來報復呢？讓我有些少期待！

在我看來，佑賜就像一位小屁孩，永遠長不大的孩子，愛玩的性格讓各位頭痛了吧！不得不說這孩子也太倒霉！巢倒了兩個，女朋友跑了三個，就連小寶寶也死了四隻，請問有誰能幫幫牠看一看風水命理？開玩笑的啦，加油吧！佑賜！

| 烏鴉 VS 麻鷹

佑賜與大頸泡。

3.3

侵侵與小麻

登場人物介紹   CHARACTERS

男主角

姓名：**侵侵**

年齡：約四歲　　　　性別：雄鳥

特質：性格溫和，容許麻鷹進入領域，但不包括繁殖期。

配偶：小麻

名字由來：入侵及佔據其他麻鷹的領域。

姓名：**小麻**

女主角

年齡：約三歲　　　　性別：雌鳥

特質：呆呆的，經常站在天台發呆。

配偶：侵侵

名字由來：跟大麻翼上斑紋相似，比大麻年輕，所以命名為「小麻」。

　　侵侵是二〇一八年觀察年度所記錄的最後一隻麻鷹。因為牠剛出現便流竄在各個麻鷹領域之中，所屬的領域也是侵佔回來的，因此給牠取名為侵侵。當中牽涉到另一個較為複雜的故事（此處涉及的鷹名和角色，在下文中都會有詳細介紹）：侵侵現時佔用的領域，實際上是白頭仔的領域。白頭仔與大嬌曾經是一對，還孕育了幾個小寶寶。可是，幾年前，大嬌發生了婚外情，與咪仔發生了關係，白頭仔和大嬌便分開了。而大嬌跟着咪仔去到了咪仔所屬的領域，生兒育女。一年後，白頭仔竟然失蹤了。曾經屬於白頭仔和大嬌的領域，便空了下來，最終被一隻雄鷹所佔據。這隻雄鷹，就是侵侵。

　　侵侵的性格相對於其他麻鷹來說較為溫和，牠的領空最多會有十多隻麻鷹一起聚集，大麻、小鷹、金囡、毛斑等一眾，都曾在牠的領空盤旋，但侵侵都沒有對牠們進行驅趕。前文曾提到，麻鷹對待自己的領空十分謹慎小心，可侵侵卻在這方面十分慷慨。侵侵還曾經被一

｜外來麻鷹（左）與侵侵（右）。

| 黑卷尾落在
侵侵背上。

| 黑卷尾

隻黑卷尾追着，那隻黑卷尾甚至落在侵侵的背上，牠都沒有表現得很憤怒，或是起身反擊，只是慌忙地逃竄。還是說牠只是比較膽小，才會被欺負？

在二○一九年初，侵侵開始叼咬樹枝和繩子來造巢，而且我還發現牠與一隻母麻鷹關係親近，侵侵甚至一度想要跳到這隻母麻鷹的背部，試圖與其交配。但沒過多久，母麻鷹便不見了，只留下侵侵一個形單隻影的留守在領域之內。

幾天後侵侵再次變得活躍起來，不斷地在領域內飛來飛去，還會咬着巢材築巢，當中好幾次都飛到了同一棵樹上。我便沿着侵侵降落的地方來尋找，結果發現，原來樹內站了一隻母鳥，而且還有一次

| 被稱為「女朋友」的母麻鷹。

| 侵侵的一次交配記錄。

| 烏鴉 VS 侵侵

交配記錄。因為侵侵與那隻母鳥的關係看上去還沒有很穩定，我們姑且將那隻母麻鷹稱為「女朋友」。

之前所提到的大嘴烏鴉，也曾數次騷擾侵侵的領域。小鷹是侵侵的鄰居，也曾經介入，與侵侵一同驅趕大嘴烏鴉。我再觀察了一段時日，侵侵的巢沒有半點起色，沒有在用的跡象，似乎放棄了本年度繁殖，而牠的女朋友也失去蹤影了。侵侵在我的記錄中，大多數時間都是獨自度過，偶爾失蹤，但都會在不久後回來，在領域內飛翔，站在天台和樹上鳴叫，像是宣示領域主權，也像是在呼喚雌鳥。

到了二〇二〇年繁殖季來臨，我再次看見侵侵另結新歡。在侵侵的領域，飛來一隻雌鳥，看着牠降落在樹上，順勢也讓我找到了侵侵的新家。雌鳥在新巢整理了一會兒之後，便飛到附近工地的機器上站着，與侵侵交配。據記錄，兩小時內，侵侵與牠的女伴交配了兩次。沒過多久，侵侵終於成為了父親。恭喜侵侵喜獲麟兒！

| 侵侵的另一次交配記錄。

| 侵侵（左）與小麻（右）。

關係穩定的伴侶當然需要命名，方便記錄。這隻母鳥的羽毛斑紋與大麻相像，起初觀察時，我甚至多次把大麻與牠混淆。牠們倆就像兩姐妹一樣，而且牠比大麻年輕，因此將牠稱作小麻。

時光匆匆，侵侵的小寶寶慢慢日漸成長，侵侵作為新手爸爸顯得分外忙碌，不過因地理位置問題，牠需要不斷來回穿過小鷹的領域捕魚，再帶回來餵寶寶和小麻。不知為何小鷹對侵侵格外大度，對於侵侵進入自己的領域並不反感，可能是知道侵侵養家不易吧！

從前青澀的侵侵有了小麻的陪伴，不用再獨自留守領域，小寶寶的出生更顯牠成熟了不少，已搖身一變成一名盡責的丈夫及父親。期望日後侵侵和小麻能繼續喜愛這片土地，在這裏孕育更多小生命，讓故事延續下去。

| 侵侵表演花式飛行。

小麻（左圖）跟大麻（右圖）的羽毛斑紋相像，恍如兩姐妹。

3.4

波子與白斑

登場人物介紹   CHARACTERS

男主角

姓名：**波子**

年齡：約五歲   性別：雄鳥

特質：極為怕人

配偶：白斑

名字由來：左腳失去部分爪尖，取諧音「破趾」。

姓名：**白斑**

年齡：約六歲   性別：雌鳥

特質：極為怕人，經常失去蹤影。

配偶：波子

名字由來：初級飛羽基部有大片白色斑紋。

女主角

　　白斑是我自二〇一五年開始觀察的一隻雌鳥，當時牠是佑賜的第二任女朋友，於二〇一七年再次記錄到白斑時，牠已有了固定配偶。牠的男伴失去了左腳爪尖，因此，我為牠取名為：波子（諧音：破趾）。即使左腳失去爪尖也不影響牠站立或覓食，而且觀察能力非常強。牠們都極怕人，即使與我隔着一百五十米的距離，亦會表現得十分警戒。當我拿起鏡頭，準備拍攝時，便會立刻飛走。二〇一八年錄得波子的腳傷更嚴重了，連中趾也有受傷的痕跡。

白斑對鏡頭十分警戒，
剛被拍攝便飛走！

二〇一九年繁殖季節，一場暴風雨來襲，給牠們一記重創，巢與蛋雙雙被狂風吹倒。當時白斑正值孵蛋期間，幸好白斑在巢倒下前及時逃離，沒有受傷。事後，只觀察到白斑在半空中盤旋，沒有降落在樹上，怕是被嚇得不輕吧。牠們的巢建築在山坡密林裏，我難以穿過山林，到現場了解真實情況，只能遠遠地觀望。

　　暴風過後，白斑與波子仍然留守在自己的領域，不讓外來麻鷹搶去。牠們兩個還是一直相伴相依，一起站在樹上休息，返回夜棲地時也是一起飛翔。往後的時間，在我的觀察中，白斑出現的日子越來越少。一般情況下，我只能在牠們的領域看到波子，而白斑卻不見了。

　　幸好到了二〇二一年繁殖期

│ 白斑留在巢中孵蛋。

│ 波子

季節，終於發現白斑和波子重新築巢，嘗試交配。新巢建築在極為隱蔽的地方，在路上能觀察的位置不多，但是居然能透過家中窗戶觀察其動靜，只是距離非常遠，需要使用單筒望遠鏡輔助。可惜白斑未能懷孕。看來對於這對夫妻而言，想要孩子相對困難，仍需努力呢！

作者在寓所觀察波子與白斑。

時隔幾個月，波子的巢內仍然沒有小麻鷹的蹤影，也為今年的繁殖季畫上了句號。波子和白斑一如既往地在領空內盤旋，牠們的鄰居小鷹也會偶爾出現在領空內，和波子一起盤旋。看上去，波子和小鷹的關係很不錯，否則波子不會這麼輕易讓小鷹進入到自己的領域內，甚至一同並行飛翔。

| 波子與白斑進行交配。

3.5

毛斑與金囡

男主角

姓名：**毛斑**

年齡：約八歲   性別：雄鳥

特質：繁殖區內容忍度最高的雄鳥，容許鄰居飛來領域內玩耍。

配偶：金囡

名字由來：取「無斑」的諧音，意思指初級飛羽 P4 至 P6 甚少
               白色斑紋。

女主角

姓名：**金囡**

年齡：約八歲   性別：雌鳥

特質：較神秘，主要專注巢內事務。

配偶：毛斑

名字由來：全年的羽毛呈金黃。

故事 　　　　　　　　　　　　　　　　THE STORY

| 金囡

　　毛斑與金囡是一對夫妻。金囡之所以得名，是因為牠的羽毛在陽光下金光閃閃，而且牠的身材婀娜，即使是懷孕期間，我也依然看不出牠身材上的變化，可謂是麻鷹中的模特兒。所以，我只能通過毛斑和金囡凌亂的腹部羽毛來推斷，哦，原來牠們在這段時間裏開始孵蛋了。

　　在二〇一六年觀察麻鷹繁殖的過程中，金囡是唯一產下兩隻雛鳥的雌鷹。不過牠曾在同年五月失蹤

| 金囡

| 毛斑

長達七天，那時正值寶寶需要照顧的時候。在牠失蹤的日子裏，毛斑曾站在不同的位置鳴叫，像是在呼喚金囡快快歸來。我擔心牠在這段日子裏出現了意外，或是被烏鴉追趕、擊落，才會留下毛斑和小寶寶。為此，我亦與救傷隊伍查詢，若有發現，希望他們能及時與我聯絡。幸運的是，金囡平安歸來，一家人齊齊整整，再次團聚。

金囡和毛斑的小寶寶也慢慢長大。在繁殖區內沒有外來麻鷹經過的時候，小寶寶便會在巢附近任意地飛翔，其中一隻會追着毛斑鳴叫尋求餵食，而另一隻則會跟着金囡飛行。有時候，小寶寶還會飛進白頭仔和小鷹的領空玩耍。白頭仔和小鷹即使發現，也沒有驅趕，任由小寶寶追着小鷹飛翔。隨

| 兩隻小寶寶。

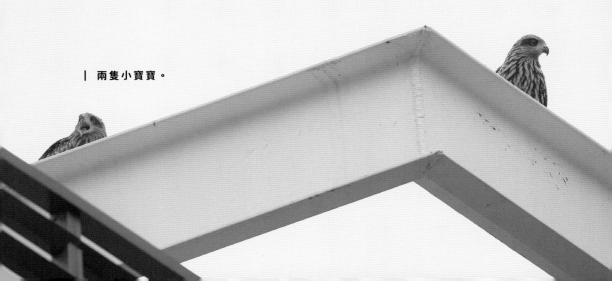

着寶寶不斷長大，還追着毛斑討食物，而毛斑則不斷拍翼逃避。金囡則停留在半空中，看着寶寶和爸爸遊玩，一派合家歡樂的景象。

負責伙食的毛斑曾抓到了一條大魚：中華沙鯭（Monacanthus chinensis）。看牠飛行時吃力的樣子，魚比牠的腳還要巨大，便知這條魚有一定重量。對於毛斑一家來說會是豐盛的大餐。毛斑先是把魚放在了天台上，接着金囡便從巢內飛了出來。真好奇到底牠們是以甚麼方法溝通的，心靈感應嗎？還是金囡站着巢邊看見？金囡先在附近盤旋了一陣子，確認沒有其他麻鷹靠近之後，便降落在了毛斑身旁。兩小口把魚帶到巢附近處理，慢慢分而食之，然後才將剩下的魚肉分給小寶寶。

金囡的眼睛可是十分敏銳，海裏的肉塊即使被海藻覆蓋，金囡還是會一眼看穿，把肉塊和藻類一併帶走，在空中享用。

| 兩隻小寶寶在玩耍。

| 麻鷹寶寶的尾羽很容易磨損。

| 金囡正享用中華沙鰻。

| 叼着白色東西示威，生人勿近！

　　繁殖期結束後的某天，毛斑和金囡飛出來活動，而鄰居咪仔飛進了毛斑的領空，毛斑起初並沒有理會咪仔，可是咪仔卻突然衝向毛斑，對牠發動攻擊。毛斑顯然先被嚇了一跳，隨即在地上抓起一塊白色紙巾，追着咪仔以示抗議。在麻鷹的世界裏，這樣的行為正是宣示領空主權，並不是表示投降。外國研究也表示，當麻鷹找到的白色東西越多，則代表這巢的雄鳥越強，外來麻鷹勿進！

　　毛斑在領域內經常遭受兩隻喜鵲的攻擊。事因毛斑的巢就在喜鵲巢附近，喜鵲夫妻很不喜歡金囡和毛斑站在巢附近，金囡站在樹上休息的時候，喜鵲都會攻擊，也會攻擊在附近飛行的毛斑。基於毛斑和小鷹的領域只差一條馬路，這對喜鵲會轉移目標，看中站在對面樹上

休息的大麻，大麻被喜鵲攻擊後落荒而逃。（喜鵲好兇……）

　　觀察至今，毛斑一般表現得與世無爭，「人不犯我，我不犯人」最適合形容牠。各位繁殖區的成員飛進牠的領域玩耍，牠都無任歡迎。經常發現小鷹、咪仔、侵侵等雄鳥在毛斑領域內玩耍，卻沒有被驅趕。

　　可是，也有一次，毛斑被惹怒了。那天，大麻本站在自己領域的天台休息，突然離開屬於自己的天台，飛進了毛斑的領域，站在領域內的建築物上，對着毛斑鳴叫。大麻以前從不愛參與巢外事務，都是由小鷹來一手操持，那天算是格外反常的一次。而就是這種反常的

毛斑攻擊大麻連環圖輯

| 相當兇猛的喜鵲。

舉動，卻惹怒了毛斑。毛斑先是低飛攻擊大麻，大麻原地跳起，利落地來了一個一百八十度轉身，躲開了毛斑的攻擊，然後飛回了小鷹領域。大麻降落後，不知為何還是對着毛斑領域的方向鳴叫。

隔天，再到訪相同位置時，發現小鷹飛進建築物旁邊的樹上，樹內有一個曾被喜鵲使用的巢，正值繁殖季節，小鷹的巢前一年因颱風吹倒，需要另覓位置築巢，而剛好這個「現成」的喜鵲巢無論大小、隱蔽性都十分符合小鷹需要。可是，這棵樹的位置明確劃分在毛斑的領域內，那麼似乎昨日大麻的鳴叫是在表達訴求呢！有趣的是，沒過多久喜鵲竟然回來了！還一直站在巢內，與站在一旁的小鷹對峙，防止小鷹飛近。「喜鵲巢事件」便以物歸原主的方式，就此告一段落。

由於毛斑金囡的巢建於私人用地的樹林裏，以致觀察距離太遠，再加上前方有樹枝遮擋，所以繁殖季時經常需要用到相機的實時模式（Live View）來放大觀看巢內的情況。有天，我觀察了良久，發現金囡前方有一團白色的球體在移動，正好碰上毛斑帶來晚餐，這才有機會看見那已十多天大的小寶寶真身。數天後，我再回來觀察，在這隻小寶寶的身邊，多了一團灰

| 小鷹（下）與喜鵲對峙。

褐色的物體，這物體竟突然活動起來。原來是金囡的第二隻小寶寶。

時光飛逝，毛斑和金囡的小寶寶現在已經很熟練飛行，牠們還會去小鷹領域內的天台上玩耍，大麻和小鷹非常寬容，並不驅趕。而毛斑和金囡就在附近休息，好一派天倫之樂！

| 呈球狀的小寶寶。

| 小寶寶學飛中。

| 金図（左）和毛斑（右）

3.6

白頭仔、大嬌、咪仔與芝麻

男主角

姓名：**白頭仔**

年齡：約六歲（最後出現記錄：二〇一七年十一月十六日）

性別：雄鳥

特質：比較懦弱，經常被小鷹欺負，也很怕老婆大人大嬌。

配偶：大嬌（前任），芝麻（現任）。

名字由來：頭部羽毛偏白。

姓名：**大嬌**

年齡：約九歲　　　　性別：雌鳥

特質：經常鳴叫，只要看見白頭仔就鳴叫，像督促白頭仔工作。

配偶：白頭仔（前任），咪仔（現任）。

名字由來：喜愛在建築物上大聲鳴叫，取音「大叫」。

女主角

男二

姓名：**咪仔**

年齡：約六歲　　　　性別：雄鳥

個性：出現時間飄忽不定。

配偶：大嬌

名字由來：魚叉尾羽中間突出呈 M 字，取「Mic」音。

姓名：**芝麻**

女二

年齡：約三歲（最後出現記錄：二〇一六年七月十三日）

性別：雌鳥

特質：與白頭仔形影不離。

配偶：白頭仔

名字由來：腹部羽毛斑紋呈芝麻粒。

• • •

• • •

故　事　　　　　　　　　　　　　　　　　　　　　THE STORY

　　大嬌與白頭仔原本是一對情侶。白頭仔偶爾在小鷹的領空低飛，連換毛的次序都跟小鷹一樣，曾讓我誤把白頭仔當作了小鷹。大嬌不斷呼喚白頭仔前來交配，但是，當白頭仔飛到大嬌背上時，大嬌便跑掉了。一小時之內，我曾記錄白頭仔和大嬌四次交配失敗。事後，白頭仔獨自地站在天線上。這也為大嬌與白頭仔日後的關係埋下了伏筆。

　　白頭仔並不體貼，而且亦不盡責。一次，白頭仔帶食物回來，大嬌看到白頭仔後，不斷地向白頭仔鳴叫。而白頭仔並沒有把食物給大嬌，而是百般推搪。結果，白頭仔降落在天台的天線上。沒多久，飢餓的大嬌便將食物搶走，一掃而光了。

可以看出，麻鷹也有性格之分。麻鷹對待伴侶的方式，亦有不同。從白頭仔和大嬌的關係上，我看不到如同小鷹與大麻、毛斑與金図的那種互相扶持的感覺。麻鷹或許也存在着「性格不合」這一說，沒辦法諒解彼此，最後只能分道揚鑣。有一年繁殖季到了，大嬌不斷地呼喚白頭仔，通知牠前來交配。可是白頭仔只顧到處遊玩，即使大嬌再怎麼鳴叫，白頭仔都很少理會。幾個星期之後，白頭仔似乎終於感受到繁殖季節的溫度，試圖和大嬌進行交配。可是，大嬌顯然認為白頭仔不識趣，生氣了，對牠愛理不理。當白頭仔飛到大嬌的背上時，大嬌便會逃跑，連續幾天都是如此。

| 酸溜溜的白頭仔。

想不到沒過多久，大嬌真的跑掉了，留下白頭仔一人。那天，白頭仔抓着一尾魚，飛來飛去，在天台、樹上、巢內降落，似乎是在尋找大嬌，尋找牠曾經的情人、伴侶。或許牠帶着食物想要和大嬌道歉，可是大嬌早已不知所蹤。白頭仔只能抓着魚兒，默默地離開了。可憐嗎？活該嗎？我也不是太懂。只知道這一年牠都是獨自一鳶出沒在繁殖區內。

| 白頭仔（左）與
| 大嬌（右）。

| 大嬌跟新男友（咪仔）交配。

就這樣，大嬌消失了好一段時間，竟在下一年度的繁殖季帶着另外一隻雄性麻鷹飛回了舊巢。兩隻麻鷹一起在舊巢整理了一番，似乎打算以此為家，還在天台交配了數次。我為大嬌的新男友取名為咪仔（因為牠的尾羽呈 M 字形）。

大嬌與新男友共享歡愉期間，白頭仔卻失去蹤影。我甚至懷疑，白頭仔是否被咪仔給幹掉了。不過數天後，白頭仔還是再度出現，還不斷地把大嬌和咪仔驅趕。

經過白頭仔不斷驅趕，大嬌和咪仔真的一起跑掉了！再也沒有停留在白頭仔的領域範圍內。過了沒多久，白頭仔的領域裏出現了另一隻雌鷹，不斷煩擾白頭仔，看見牠腳上的食物後，便會不斷追着白

頭仔。不論白頭仔降落在哪個位置，雌鳥總會降落在白頭仔身旁。起初白頭仔似乎對這隻雌鳥沒甚麼興趣，每次雌鳥降落在白頭仔身旁時，白頭仔就會立刻帶着食物離開，邊飛邊吃。

再過了幾天，善變的白頭仔，似乎開始慢慢地接受了雌鳥的殷勤，而且還開始主動地飛過來給牠食物。一天之後，白頭仔便與雌鳥交配了。看似兩者即將要開展出一段穩定的關係，於是，我便為這隻雌鳥，取了一個正式的名字 —— 芝麻。

兩年前，白頭仔還與大嬌站在一起。當時的大嬌不斷地向白頭仔發出交配的訊號，可是白頭仔全然沒有理會。而今天，白頭仔主動與芝麻交配！

白頭仔的前任大嬌，竟然飛回白頭仔的領空。而白頭仔的現任芝麻，在自己的領域內鳴叫着，似乎在表示抗議，大嬌也識趣地離開了。可是，白頭仔的三角關係，並沒有就此結束。一場颱風過後，芝麻不見了。自二〇一六年八月，大嬌知道芝麻失蹤後，開始試圖重奪本屬於自己的領域，甚至會站立在自己曾經特別喜愛的天線上。白頭仔也沒有因此而驅趕大嬌。雖然聽上去很荒唐，但這對曾經的情侶，似乎就這樣，重歸於好了。

| 白頭仔（左）與芝麻（右）。

| 芝麻

| 白頭仔

在後續的觀察中，我發現，大嬌和白頭仔的關係依然很複雜。我觀察到，白頭仔咬着紙巾在領域上空盤旋，還特意飛到了大嬌的身旁，很難判斷是試圖與大嬌交配，還是在驅趕大嬌。而大嬌也沒有甚麼特別的反應。在二〇一七年這段時間裏，大嬌和白頭仔看起來總體上感情是在慢慢變好。曾經有別人家的兩隻麻鷹寶寶飛進領空，白頭仔追着麻鷹寶寶一起在天空中飛翔玩耍，可牠們卻一不小心飛進了小鷹的領域內，導致小鷹立刻抓了下最接近牠們的樹頂，發出了樹枝碰撞的聲音，並飛到牠們的領空內宣示領域主權。

| 白頭仔與麻鷹寶寶同樂。

| 大嬌與咪仔。

| 最終兩鳶關係
| 徹底破裂！

這段關係迎來了最大的轉捩點，幾個月之後，白頭仔毫無徵兆下失蹤了。大嬌還是留守在自己的領域內，但是沒有白頭仔的守護下，向來行蹤不明的咪仔便趁虛而入，接管了白頭仔的領域。看上去，大嬌也沒有表示反對。這段四角戀關係愈趨複雜。在某次颱風過後，咪仔再次不見蹤影，不知是遇上意外，還是出門考察（探索新的領域或巢），當時接近三個月未能記錄到牠。大嬌繼續留守在自己的區域，未幾，領空內來了另一隻年輕雄鳥，雄鳥與大嬌在領空內相互追逐，大嬌也沒有對牠採取驅趕行動。往後的時間，這隻麻鷹也經常到訪，甚至站在領域內的建築物天台上。一個月後咪仔回來了，所做的第一件事，便是要把這隻外來的麻鷹驅趕。麻鷹被咪仔驅趕之後，飛過了多個領空，惹來毛斑和小鷹也加入了驅趕行動。

這隻外來的麻鷹，便是前文提及過的故事主人翁——侵侵。從此以後，白頭仔沒有再出現，我估計牠已成了歷史。咪仔和大嬌也飛到了後方建立屬於自己新的領域繼續繁殖。而牠們的舊地，便成了侵侵的領域。沒有永遠屬於某隻麻鷹的領域，也沒有某段一成不變的關係，分久必合，合久必分，對於麻鷹來說，對於人類來說，似乎都是如此。故事到這裏，走上了一個循環。麻鷹世界的觀察自然沒有就此終結，可能在未來，現有的麻鷹終將離去，也會有新的麻鷹到來。在生活的循環裏，麻鷹們重複着那些故事，亦在開發着各種各樣的可

| 領域新主人 —— 侵侵。

| 白頭仔（左）與芝麻（右）的合照。

能。這些故事似乎也沒有一成不變的核心，麻鷹的本性，恰似人性——複雜而多變，才是最本質的核心。我們看着麻鷹，隨着時光，一對一對、一代一代地走下去，觀望着牠們的故事，得到些許領悟。然後，我們再拿着這些領悟，反省我們自己的生活。而歲月不管你得到甚麼領悟，就這麼走着，我們也就這麼被生活的循環裏挾着。

所謂麻鷹，又何嘗不是我們自己。

CHAR

剛出世的小寶寶還沒開眼，
身體還沒法自行保溫，
媽媽一直留巢為寶寶保暖。

觀鷹
故事

4.1

小麻鷹成長記

DAY 0

> 麻鷹媽媽已經孵蛋三十多天，
> 她感覺小寶寶快要破殼而出了，
> 所以經常站起來觀察蛋的狀況。

DAY 2

剛出世的小寶寶還沒開眼，而且身體還沒法自行保溫，媽媽一直留在巢內為小寶寶保暖。

DAY 3

第二隻小寶寶也出世了！兩隻小寶寶靠在一起會比較溫暖。

— DAY 9

小寶寶能站起來,從巢外觀察可以看見小寶寶在探頭。

— DAY 14

媽媽給小寶寶食物,小寶寶會鬧脾氣而不肯進食。

觀鷹故事

小寶寶有基本絨毛保暖，媽媽和爸爸會離巢幫忙找食物。

DAY 17

DAY 21

爸爸把食物帶回巢後立即離開，媽媽就回巢把食物分給小寶寶。

DAY **27**

小寶寶的身體差不多達到成鳥的大小，
現在開始長出具防水功能的覆羽和飛羽。

DAY 33

小寶寶能夠自行保暖，到晚上麻鷹媽媽
開始離開，讓小寶寶獨個在巢內夜棲。

小寶寶能夠自行進
食，不過牠很喜歡把
整塊肉吞下，往往會
不小心卡住了。

DAY 36

DAY **41**

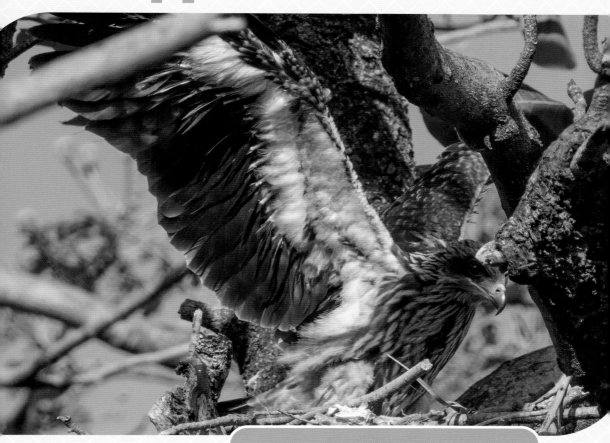

小寶寶開始練習拍動翅膀，鍛煉飛行肌肉。

DAY 46

小寶寶在巢內跳躍，也站在巢邊探頭，觀察巢外情況。

DAY 51

小寶寶一天的動作：
吃飯、睡覺、伸翼、
拍動翅膀、排便。

小寶寶力氣越來越
大，兩隻小寶寶會聯
手把家具拆毀。

DAY 53

觀鷹故事

DAY 57

突如其來一陣風，小寶寶把雙翼打開，要起飛了！

DAY 68

小寶寶試飛成功後，會在巢附近活動，跟親鳥學習獵食技巧。

DAY **71**

小寶寶擁有基本的飛行能力，也漸漸能夠自行尋找食物，不過牠還會留在親鳥身邊活動，數星期後才離開親鳥，獨自活動。

4.2

台灣觀鷹記

二〇一四年十月，機緣巧合下得到香港觀鳥會邀請，作為代表參加由台北市野鳥學會舉辦的臺北國際賞鳥博覽會。藉由是次活動，我認識了很多台灣的朋友，最令人振奮的當然是台灣猛禽研究會推出的鳥類周邊商品！（買買買！！！）

首次到訪台灣，身為觀鷹者有一個地方是必定要去的，就是基隆港！從台北車站乘搭台鐵前往基隆站，車程需要接近一小時。下車後從車站前往基隆港口，沿途能發現很多麻鷹的蹤影，例如路上行走的公車，車身上不是花巧的廣告，而

| 作者（右一）於臺北國際賞鳥博覽會留影。

基隆港海洋廣場。

是麻鷹的圖案！走到可以觀望基隆港的海洋廣場，這裏是台灣其中一個最容易觀賞麻鷹的位置，於海洋廣場中央更是設立了一個介紹麻鷹的資訊台，為遊人介紹麻鷹。這座港口不但吸引麻鷹光臨，還有很多觀鳥者專程前來拍攝麻鷹。

　　來台前認識了台灣研究麻鷹的研究人員，瘋狂的追鷹者決定由台北乘搭高鐵南下到高雄，再轉乘台鐵到屏東站。跟着研究人員一起到屏東科技大學鳥類生態研究室進行交流，黃昏還到學校後方的山林觀看麻鷹回來夜棲。

作者（左二）與屏東科技大學研究員合照。

觀鷹故事

接着數年，我經常來到台灣觀鷹，去過南投縣尋找林鵰，也去過新北市拍攝游隼育雛，最難忘的莫過於在墾丁親眼目睹秋季猛禽遷徙，於日出前至中午時分，累計數十萬隻赤腹鷹及灰臉鵟鷹在觀察點上空不斷掠過。特別是在惡劣天氣後，被迫滯留的猛禽們會一同盤旋出海，同時最多可達數萬隻赤腹鷹及灰臉鵟鷹，場面非常壯觀！

| 游隼　2019 年

台灣鳥類

| 林鵰　2017 年

| 灰臉鵟鷹　2016 年

| 赤腹鷹　2017 年

推薦觀鷹地點

屏東縣滿洲鄉港口

墾丁社頂凌霄亭

觀察時間：早上十時前起鷹，下午四時後落鷹

| 五色鳥　2016 年 | 水雉　2017 年

| 黃嘴角鴞　2015 年 | 領角鴞　2016 年

4.3

日本觀鷹記

二〇一九年十二月來到日本東京旅遊，身為觀鳥者，出發前已看中三個地點。

第一站，位於千葉縣我孫子市的我孫子鳥の博物館：距離東京接近三十公里，乘 JR 線差不多一小時才能到達。小小的博物館並不起眼，內裏卻有大寶藏，主要大廳數十個大展櫃中，將不同種類的雀鳥標本一一陳列，當然有猛禽相關的

| 我孫子鳥の博物館

展示櫃，麻鷹、蒼鷹、雀鷹等標本整齊排列。其他展區則介紹雀鳥的歷史、身體結構、羽毛數量及作用、雀鳥如何呼吸和飛行等。博物館雖然位置較偏僻，但展品內容及販售的紀念品都很值得大家親身到訪。

第二站河口湖：在山梨縣的河口湖距離東京以西約九十四公里，預定了近湖邊的酒店住宿，晚上坐在露台觀看對面富士山的美景，而

且月亮也徐徐升起，光線照射在富士山上，山頂上的白雪清晰呈現，非常漂亮！早上起來，冒着嚴寒在湖邊觀鳥，看到湖上的秋沙鴨，突然有一隻麻鷹在頭上盤旋，然後降落在電線架上。這隻麻鷹並不怕人，牠容許我走到下方觀察，這時的氣溫只有一度，麻鷹鼓起羽毛，體內的絨毛完美隔絕寒冷的天氣，好讓皮膚的暖空氣不易流失。

觀鷹故事

| 河口湖

　　第三站江之島：神奈川縣的江之島距離東京四十八公里，駕車車程約一小時，這裏有大量麻鷹聚集，也是很多網上影片拍攝到麻鷹搶去人類食物的地方。到達時，已看到有很多麻鷹站在路邊的燈柱頂，燈柱的高度只有四米，路上車水馬龍，這裏的麻鷹就是不怕人。

當我拿起麵包時，烏鴉跟麻鷹已經在空中等待，而且有些成鳥非常大膽，會低飛嘗試搶去我手上的麵包。由於這裏經常發生因被麻鷹搶食物而被抓傷的個案，為此當地政府在行人通道上豎立警告標示，提醒民眾小心麻鷹攻擊。

| 江之島

日本鳥類

| 麻鷹

| 蒼鷹

| 黑頸鸊鷉

| 銀喉長尾山雀

| 注意麻鷹告示牌

| 白鶺鴒

131

CHAP

珍惜大自然的一切，
絕不能傷害或殺害野生動物、小昆蟲，
更不能將牠們帶走當作寵物。

保育
貼士

貼士 **1**

觀鳥時要
留意甚麼？

在觀賞及拍攝雀鳥時，應時刻注意保持安靜，放輕腳步沿途欣賞雀鳥，細心觀察雀鳥行為。若把難得一見的雀鳥嚇跑，會很失望呢！

| 緬甸蟒

觀鳥期間，經常會遇到野生動物如蛇類、哺乳類動物，我們要珍惜大自然的一切，絕不能傷害或殺害野生動物、小昆蟲，更不能將牠們帶走當作寵物。此外，到農地觀鳥時，謹記不應擅闖私人地方及踐踏農作物，避免造成他人的困擾。

| 龍眼雞

| 香港瘰螈

| 華斜痣蜻

不應餵飼野生雀鳥。不單是雀鳥，其他野生動物亦然，因為餵飼有機會令牠們過分依賴由人類提供食物，無異於將野生動物半馴化，一旦沒有了食物供應，有機會因覓食困難甚至誤闖市區和民居覓食，到時候請不要怪責牠們造成滋擾或威脅。

香港有記錄的鳥類中，差不多有四十種均被列入世界自然保育聯盟的紅色名錄及中國脊椎動物紅色名錄（近危或以上）。在這些全球受關注的物種中，有些都可在米埔后海灣及塱原記錄到的，如黃胸鵐、烏鵰、白肩鵰、黑嘴鷗、半蹼鷸、大杓鷸及黑臉琵鷺，每年都在香港短暫停留或度冬。

烏鵰，冬候鳥，在米埔比較容易看見。

貼士 2 香港有哪些瀕危鳥類？

白肩鵰（幼鳥），冬候鳥，在米埔比較容易看見。

黃胸鵐，俗稱禾花雀，牠們很容易被人類捕獵，某些地區更將其視為補品，在短短幾年間數量急劇下跌，現為極度瀕危的物種。

黃胸鵐，冬候鳥，在塱原偶然發現。

黑臉琵鷺，冬候鳥，在米埔及濕地公園比較容易看見。

　　黑臉琵鷺在東亞地區出沒，依靠沿岸的小型海產作為主要食糧，因地區發展導致糧食減少、棲地與繁殖地受污染，數量曾在九十年代跌至少於三百隻。經各國多年來努力進行跨地域保育，二〇二一年度全球普查結果達有史以來最多的五千二百二十二隻，但香港錄得的數量卻在近年不斷下降，證明黑臉琵鷺於香港的棲息地仍然受威脅。

　　事實上，並非所有野生動物都能像黑臉琵鷺般幸運。保育的過程非常艱辛，我們多一份關注牠們可能就多一份生機，多考慮動物的珍貴，各物種的命運可能就會截然不同。

貼士 **3**

遇到受傷的 鳥類 要怎麼辦？

受傷是指帶有明顯傷勢、出血、骨折等症狀。遇到時請立即致電救傷機構，說明地點及大約情況，由於我們未能確定雀鳥傷勢，千萬不可給牠們任何食物或水源。

耐心等待救援團隊期間，可尋找帶通風小洞的紙箱，把傷鳥安全放在箱子內蓋好，如未能移動雀鳥，可把紙箱倒轉蓋着傷鳥，目的是隔絕雀鳥與外界接觸，紓緩牠的緊張及防止牠受到二次傷害。

　　另一種情況在春季較常遇上，處理方法與前面提及的不一樣。因春天是鳥類繁殖季節，春雨和強烈季候風很容易把小型的鳥巢連同雀鳥吹倒在地，如果發現沒有羽毛的初生鳥或雛鳥，可嘗試在附近尋找牠們的巢，然後把寶寶放回巢內。如果找不到巢，安全情況下可以嘗試製作一個人工巢代替並固定在樹上或高處。請放心雀鳥媽媽是「不會」因人類的氣味而放棄寶寶的！

保育貼士

正在經歷學飛階段的雀鳥寶寶，牠們主要特徵是帶有黃色嘴角，若遇到跌在地上的牠們，同時沒有受傷跡象，那麼可能只是累了正在休息。如果寶寶在行人路或馬路上，可先把小寶寶移到安全位置例如樹上。一般情況下小寶寶會發出討食的叫聲，表示鳥媽媽可能就在附近，躲遠一點觀察親鳥會否回來接應便可。但如果過了一段時間親鳥也沒有出現，即可選擇致電求助。

目前，只有香港嘉道理農場暨植物園能處理受傷的鳥類和其他野生動物。市民人士可以透過政府熱線、愛護動物協會或自行送往香港嘉道理農場暨植物園進行救傷工作。

香港嘉道理農場暨植物園內其中一個設施「猛禽之家」，所收養的是受傷和待康復的猛禽。雀鳥不時在香港的鏡面高樓間迷失方向，以致誤撞玻璃或大廈。許多由嘉道理農場暨植物園野生動物拯救中心接收的猛禽曾遭遇意外，有一部分曾被非法飼養作寵物，並遭遺棄。當中一些猛禽在放歸野外前會住在猛禽之家，在較大的空間練習飛行，直至確定猛禽身體壯健，有能力在野外飛行，就會放歸野外。而發現不適合放歸野外的雀鳥則會留在嘉道理農場暨植物園永久居住及作教育用途。

動物救援電話：
政府熱線：1823
香港愛護動物協會：2711 1000（較建議）
嘉道理農場暨植物園：2483 7200

＊所有香港野生雀鳥都受《野生動物保護條例》（香港法例第170章）所保護，請不要帶回家處理。

貼士 4 遇到年幼雀鳥怎麼辦？

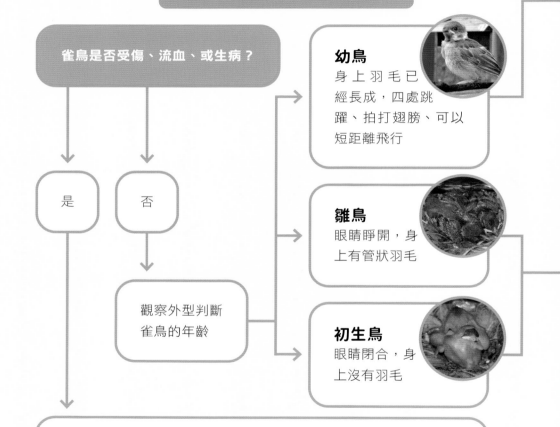

雀鳥是否受傷、流血、或生病？

幼鳥
身上羽毛已經長成，四處跳躍、拍打翅膀、可以短距離飛行

是　　否

雛鳥
眼睛睜開，身上有管狀羽毛

觀察外型判斷雀鳥的年齡

初生鳥
眼睛閉合，身上沒有羽毛

請致電香港愛護動物協會緊急熱線 2711 1000，或漁護署 1823 安排動物救援。

嘉道理農場暨植物園的野生動物拯救中心會跟漁護署及香港愛護動物協會合作，照顧被拯救的本地野生動物。

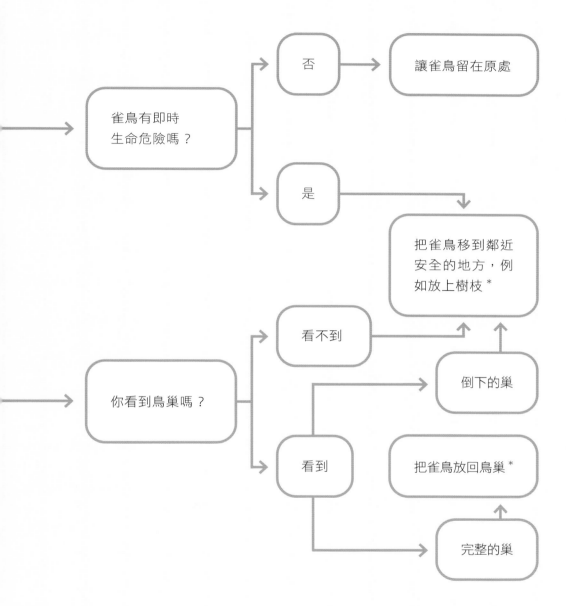

雀鳥有即時生命危險嗎？
- 否 → 讓雀鳥留在原處
- 是 → 把雀鳥移到鄰近安全的地方，例如放上樹枝 *

你看到鳥巢嗎？
- 看不到 → 把雀鳥移到鄰近安全的地方，例如放上樹枝 *
- 看到
  - 倒下的巢 → 把雀鳥移到鄰近安全的地方，例如放上樹枝 *
  - 完整的巢 → 把雀鳥放回鳥巢 *

* 所有野生雀鳥均受香港法例第 170 章保護。除幫助意外離巢的雀鳥以拯救牠們的生命外，我們一般不鼓勵接觸野生雀鳥。如有可能的話，盡量避免接觸生病雀鳥或雀鳥的排泄物，並在處理後清潔雙手。如想進一步了解香港雀鳥的保育狀況，可致電漁護署 1823 查詢。

資料來源：香港愛護動物協會及嘉道理農場暨植物園

CHAR

HK

香港擁有大片郊野公園、濕地、高山樹林、農地和離岸島嶼，合適的棲息地為雀鳥提供落腳點及補給所需能量。

香港觀鳥
分享

香港觀鳥分享

6.1

介紹 香港雀鳥

香港位於雀鳥遷移路線「東亞—澳大拉西亞」的中間,春秋兩季候鳥均依靠這條路線往返,視香港為中途站。雖然香港面積只有約一千平方公里,記錄到的雀鳥種類卻可多達五百六十種以上。同時亦要歸功於香港擁有大片郊野公園、濕地、高山樹林、農地和離岸島嶼,合適的棲息地為雀鳥提供落腳點及補給所需能量。

紅耳鵯

黑領椋鳥

市區

叉尾太陽鳥

紫嘯鶇

彩鷸

紅喉歌鴝

農地

栗耳鵐

八聲杜鵑

赤紅山椒鳥

黃頰山雀

林區

灰眶雀鶥

大擬啄木鳥

香港觀鳥分享

普通翠鳥

斑魚狗

濕地

普通燕鴴

小鸊鷉

白腰燕鷗

白斑軍艦鳥

沿岸及離島

紅頸瓣蹼鷸

粉紅燕鷗

6.2

介紹｜香港猛禽

截至二〇二一年，香港記錄到日行性猛禽共有二十九種，大部分屬季候鳥，當中部分種類多年來也只得個位數字的觀察記錄。於不同生境和季節才有機會一睹牠們的身影，所以觀鷹也是需要運氣的！

常見猛禽（留鳥）

市區

麻鷹

鳳頭鷹

香港觀鳥分享

鶚

白腹海鵰

沿岸及離島

游隼

高山樹林

蛇鵰

白腹隼鵰

農地

松雀鷹

黑翅鳶

　　遷徙型猛禽：當進入春秋季遷移季節，赤腹鷹、灰臉鵟鷹、日本松雀鷹、雀鷹、蜂鷹、鵲鷂、燕隼、阿穆爾隼、黑冠鵑隼相繼出現。

遷徙型猛禽

赤腹鷹

灰臉鵟鷹

蜂鷹

日本松雀鷹

燕隼

阿穆爾隼

香港觀鳥分享

步入冬天，雀鳥從北方來港度冬，猛禽也會跟隨雀鳥一同前來，包括普通鵟、白肩鵰、烏鵰、白腹鷂、紅隼等。

遷徙型猛禽

普通鵟

白肩鵰

烏鵰

白腹鷂

紅隼

鵲鷂

6.3 香港觀鷹地圖

1. 米埔自然保護區

　　根據《拉姆薩爾公約》，米埔列為「國際重要濕地」，被譽為香港「雀鳥天堂」，眾多季節性遷徙候鳥都會選擇在這裏棲息和停留，猛禽也會選擇來到這裏捕捉獵物。在觀賞前，我會建議留意潮汐變化，當后海灣潮汐超過 2.5 米時，雀鳥會降落在基圍內，此時進入觀鳥屋準備，有機會觀看到猛禽捕捉候鳥的精彩瞬間。

交通：九巴 76K，綠色公共小巴路線 75、76，紅色公共小巴路線 17 號。

可觀看猛禽：鶚、游隼、松雀鷹、白肩鵰、烏鵰、普通鵟、白腹鷂、鵲鷂、麻鷹、黑翅鳶。

備註：根據《野生動物保護條例》（第 170 章），米埔自然保護區是一個「限制進入或處於其內的地區」，參觀者需要持有由漁農自然護理署署長發出的有效「進入米埔沼澤許可證」方可進入米埔自然保護區範圍。

2. 西貢碼頭

　　西貢市中心海邊的公眾碼頭，碼頭旁有漁販在船上售賣漁獲，有時會將雜魚棄置於大海，吸引麻鷹聚集在碼頭一帶獵食。麻鷹夜棲地「羊洲」就在公眾碼頭對岸，黃昏時分便會有成群麻鷹飛回島上休息。想近距離觀賞麻鷹飛行及覓食，西貢碼頭最合適不過。

白腹海鵰

游隼

交通：九巴 92、96R、99、99R、299X；新巴 792M；綠色公共小巴 1A、101M；紅色公共小巴 旺角（廣華街）<-> 西貢、觀塘（宜安街）<-> 西貢、西貢 <-> 銅鑼灣（只限黃昏服務）

可觀看猛禽：游隼、白腹海鵰、普通鵟、麻鷹。

3. 蠔涌

　　位於新界東南部，這裏包含河道、農田、山谷，一些棲息於山林或農地的猛禽會在此出沒。到訪時可留意聽猛禽的鳴聲及天上盤旋的黑影。

鳳頭鷹

松雀鷹

交通：九巴 92；新巴 792M；綠色公共小巴 1A、2、101M；紅色公共小巴 旺角（廣華街）<-> 西貢、觀塘（宜安街）<-> 西貢

可觀看猛禽：游隼、蛇鵰、松雀鷹、鳳頭鷹、普通鵟、麻鷹。

4. 塱原

　　塱原是一片農地，具備豐富的食物來源，眾多候鳥會停留休息及覓食，而猛禽多會在塱原上空飛過。自二○二○年新界東北發展計劃，塱原現改建成為「自然生態公園」。

紅隼

阿穆爾隼

交通：九巴 76K；紅色公共小巴路線 17 號；綠色公共小巴路線 51K

可觀看猛禽：紅隼、燕隼、阿穆爾隼、松雀鷹、蛇鵰、普通鵟、麻鷹、黑翅鳶。

5. 蒲台

　　蒲台為香港最南端的一個小島，是春秋雀鳥遷移季節時重要的中途補給站。蒲台不只有觀鳥，島上還有景點可供打卡，例如 128 號燈塔、佛手岩、靈龜上山，是個郊遊觀鳥兩得宜的地方。

　　注意，每星期只有數班渡輪進出蒲台，一定要留意渡輪的班次！

灰臉鵟鷹

赤腹鷹

交通：**渡輪（部分時間服務）**

可觀看猛禽：**游隼、燕隼、白腹海鵰、日本松雀鷹、赤腹鷹、灰臉鵟鷹、雀鷹、普通鵟、黑翅鳶、麻鷹。**

香港觀鳥分享

6. 大埔滘

　　有四條不同行走距離的郊遊路線，分別是紅路、藍路、啡路和黃路。建議初學觀鳥者選擇紅路或至野外研習園便可，難度較低，亦有機會碰上「鳥浪」[*]。

＊「鳥浪」是由多種雀鳥群體組成，由於牠們沒有固定動向，遇上牠們需要運氣。

蛇鵰

蜂鷹

交通：九巴 72、72A、73A、74A；綠色公共小巴 28K

可觀看猛禽：蛇鵰、蜂鷹、鳳頭鷹、普通鵟、麻鷹。

7. 錦田

　　間中能於錦田樹屋記錄到斑頭鵂鶹在此處繁殖，若想觀看牠們要謹記觀鳥注意事項，以不打擾雀鳥生活為原則。其後，可順道到附近的石崗機場路尋找朱雀的身影。

白腹隼鵰

斑頭鵂鶹

交通：屯馬線錦上路站；九巴 64K；紅色公共小巴 元朗 <-> 大埔

可觀看猛禽：紅隼、白腹隼鵰、松雀鷹、鳳頭鷹、普通鵟、麻鷹。

香港觀鳥分享

觀鷹地圖

米埔

塱原

新界

錦田

大埔滘

西貢碼頭

蠔涌

大嶼山

香港島

蒲台島

6.4

觀鷹裝備

1. 衣着篇

　　觀鳥與其他野外活動相似，應穿着薄身和通風的素色衣物，同樣材質的長袖衫褲配搭防曬產品及蚊怕水。一對合腳的行山鞋更是必不可少，保障自己的安全之餘亦能減少腳痛。

日常觀察裝備包括全片幅相機、600mm 鏡頭、10x42 望遠鏡、增倍器及配件。

2. 望遠鏡篇

初學觀鳥首要配備一枝雙筒望遠鏡，對於觀察及辨識雀鳥非常重要。望遠鏡的規格一般標註為「放大倍率 × 望遠鏡口徑」，例如「8×42」，「8」是放大倍率，「42」則是望遠鏡口徑。倍率數值越大，觀看到的影像放得越大（以毫米為單位）；而望遠鏡口徑數值越大，在昏暗環境下觀察的清晰度越高。相對，其體積和重量隨即上升，便攜性亦是選擇望遠鏡的主要考慮因素，建議初學者可選用較小的「8×32」規格的雙筒望遠鏡，以便手持觀察雀鳥。

一般在日常觀察和調查麻鷹數量時，我會使用「10×42」規格的望遠鏡。有時觀鳥想追

求輕便，偶然也會使用「8×32」規格的望遠鏡。當需要作定點觀察或觀看遠距離的雀鳥時，才會選用高倍率及大口徑的單筒望遠鏡。

起初使用望遠鏡時，會因倍率增加，導致難以定位雀鳥位置，先嘗試以肉眼看到目標雀鳥，再使用望遠鏡。如還未能成功找到，可留意目標雀旁有沒有明顯的標記點，例如樹幹、樹枝、電線等，利用方位找出其距離和位置，再透過望遠鏡中景象沿記憶路線尋找。

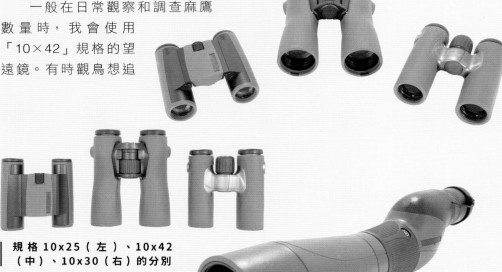

規格 10x25（左）、10x42
（中）、10x30（右）的分別

單筒望遠鏡

3. 相機篇

初嘗試拍攝雀鳥時，我曾經組合了一套單筒望遠鏡＋小型數碼相機拍攝（英文：Digiscoping）。其最大好處是用便宜的價錢得到最長的焦距（約 1500mm），但缺點是對腳架穩定性要求十分高，一般使用較粗壯的腳架和雲台。而且 1500mm 焦距實在太長，需要使用瞄準器輔助尋找目標。還需要全時手動對焦，使用上對初學者有一定難度。

後來，更換了一套半片幅單鏡反光相機及小型的 300mm F/4 鏡頭，還可以配合 1.4x 的增倍器，得到接近 600mm 焦距。好處是能夠拍攝飛行中的雀鳥，惟礙於相機的感光元件限制，在使用了增倍器後，相片畫質欠理想，雀鳥羽毛斑紋細節不太清晰。

最後，更換了全片幅無反光鏡相機及大型的 600mm F/4 鏡頭，對焦速度和鏡頭解晰度均大大提升，即使接上 1.4x 甚至 2x 的增倍器，雀鳥羽毛斑紋細節也能清晰呈現。雖然這個組合重量稍高，但依然是我出外觀察時的主力拍攝器材。

輕便型：
半片幅相機 +
300mm 鏡頭

中階：
全片幅相機 +
200-600mm 鏡頭

高階：
全片幅相機 +
800mm 鏡頭

增倍器：1.4x、2x

香港觀鳥分享

機身選擇

單筒望遠鏡 + 小型數碼相機 （Digiscoping）

單筒望遠鏡，除了用作定點觀鳥外，還可以接上小型數碼相機拍攝鳥類。雖然這配搭能得到較長的焦距（約1500mm 以上），但是要尋找目標卻非常困難，需要使用瞄準器輔助。另外系統只能使用手動對焦，對於初學者使用上有一定難度。

| 單筒望遠鏡拍攝法

☺：便宜的價錢得到較長的焦距（約 1500mm）。

☹：必須使用腳架，相機電量很快耗盡，拍攝飛行雀鳥困難。

✕　　　✕　　　✕

單鏡反光相機 （DSLR） / 無反光鏡相機 （MILC）

單鏡反光相機與無反光鏡相機也是可換鏡頭的相機，可以選擇不同焦距、光圈大小的鏡頭，另外還可以接上增倍器，使鏡頭焦距更長。

相機的感光元件也有分為半片幅（APS-C）及全片幅（Full Frame），差別在於它們所使用的感光元件不同尺寸。半片幅的尺寸是23.6mm x 15.8mm，而全片幅的尺寸是 36mm x 24mm。感光元件面積越大，相片畫質更細緻清晰。

單鏡反光相機	無反光鏡相機
☺：光學觀景窗、機械式快門，視覺及聽覺上享受。	☺：拍攝時可設定沒有快門聲音，減少影響對聲音比較敏感的雀鳥。
☹：機身體形龐大，高階型相機重量比較重。	☹：相機電量很快耗盡，需要帶備更多備用電池。

拍攝鳥類，鏡頭使用的焦距由 300mm 至 800mm

小型鏡頭：100-400mm、300mm F/4
中型鏡頭：150-600mm、200-600mm
大型鏡頭：600mm F/4、800mm F/5.6

建議組合配搭

半片幅相機 + 小型鏡頭	半片幅相機 + 中型鏡頭	全片幅相機 + 大型鏡頭
😌：輕便，組合便宜。 😩：焦距較短，不易拍到距離較遠的雀鳥。	😌：價錢較便宜，而且能拍攝距離較遠的雀鳥。 😩：配搭上有一定的重量。	😌：相片畫質最好，對焦反應最快。 😩：價錢十分昂貴，而且非常重。

4. 拍攝技巧

　　拍攝時想快速瞄準目標最簡單直接的方法，就是利用瞄準器。

　　欲拍攝麻鷹鷹姿，可以選擇黃昏時段來到西貢碼頭或香港仔避風塘，麻鷹會低飛至水面覓食。

　　麻鷹會選擇逆風降落獵食，這樣牠們容易掌握速度及落點，不過經驗尚淺的或是剛離巢的麻鷹寶寶會順風降落，經常撲空，所以能捕捉到牠們覓食的瞬間或失手時的有趣反應。

　　麻鷹換毛期在四月至九月，羽毛看起來比較破爛，所以建議大家如想拍到美美的麻鷹照片，最好選擇在換毛期後才出動。

鏡頭焦距比較

| 200mm

| 600mm

| 300mm

| 800mm

| 450mm

| 1200mm

相片使用全片幅相機，
配合 1200mm 焦距鏡頭拍攝。

後記

還記得學生時代參加學校的攝影學會，得到黃錫年博士教導及支持，開拓我的攝影之路，習慣以相機記錄身邊的事物，享受與人分享相片中的精彩，讓我找到了自己喜歡的題材，積極投入鳥類攝影，一直堅持下去。

直到小鷹出現後，對麻鷹仍一無所知的我認識了 Vicky 小姐，並加入香港觀鳥會麻鷹研究組。由好奇心到不可或缺，不經不覺間觀鷹已成了我人生中的一部分，距離小鷹的初次登場原來已經過去十多年，探望繁殖區的麻鷹早已成了習慣。不論颱風暴雨、寒冷酷熱天氣，也要來到繁殖區觀察，就像跟街坊打招呼，麻鷹與我也漸漸互相認識。

機緣巧合下認識到台灣的黑鳶公主林惠珊小姐，促進香港及台灣兩地麻鷹與黑鳶交流，感謝讓我認識到台灣的各位研究人員，給我體會黑鳶繫放過程及見識個體追蹤技巧的機會，好讓我與麻鷹研究組組員一起發掘香港麻鷹所需的研究方向。

十多年來觀鷹路，有兩次的經歷讓我印象深刻。在二〇一一年十二月，當年我帶領香港觀鳥會觀鳥班進行戶外實習時，發現一隻白頸鴉正驅趕着一隻體形比牠更大的猛禽，那時猛禽辨識經驗不足，只

確認牠是雀鷹。後來，相片傳送到香港觀鳥會紀錄委員會，經過多次討論後，確認為蒼鷹，成為香港第一個野生蒼鷹記錄。

另外一次，則在二〇一五年十二月，當時我在繁殖區觀察大麻和小鷹時，天空一隻猛禽吸引我的目光，牠的翼十分寬闊，正當確認是烏鵰時，突然有一隻麻鷹飛過來與牠共飛，這下才發現這隻猛禽體積十分巨大，比麻鷹大上許多，原來牠就是腐肉清理員代表 —— 禿鷲。

猛禽觀察還有很長的路要走，希望我能觀察更多個十年，記錄和分享更多的麻鷹故事。

| 香港第一個野生蒼鷹記錄。

| 腐肉清理員代表 —— 禿鷲。

參考資料

香港觀鳥會

香港觀鳥會麻鷹研究組

香港漁農自然護理署

世界自然基金會香港分會

嘉道理農場暨植物園

林文宏著：《猛禽觀察圖鑑》。台北：遠流出版公司，2006年。

許維樞著：《中國猛禽－鷹隼類》。北京：中國林業出版社，1995年。

Fabrizio Sergio, Alessandro Tanferna, Renaud De Stephanis, Lidia Lopez Jim enez , Julio Blas, Fernando Hiraldo, *Animal Behaviour*, Volume 131, September 2017, Pages 59-72

Jeff A. Johnson, Richard T. Watson and David P. Mindell (2005) *Prioritizing species conservation: Does the Cape Verde kite exist?* Proc. R. Soc. B 272:1365-1371

麻鷹之城
我的觀鷹手記

陳佳瑋
—— 著

Chris Wang, Connie Wong
———————— 撰文

責任編輯　顧　瑜、朱嘉敏
協　　力　周曉荃、梁嘉俊
裝幀設計　Sands Design Workshop
排　　版　Sands Design Workshop
印　　務　劉漢舉

出版
非凡出版
香港北角英皇道 499 號北角工業大廈 1 樓 B
電話：(852) 2137 2338　傳真：(852) 2713 8202
電子郵件：info@chunghwabook.com.hk
網址：http://www.chunghwabook.com.hk

發行
香港聯合書刊物流有限公司
香港新界荃灣德士古道 220-248 號
荃灣工業中心 16 樓
電話：(852) 2150 2100　傳真：(852) 2407 3062
電子郵件：info@suplogistics.com.hk

印刷
美雅印刷製本有限公司
香港觀塘榮業街六號海濱工業大廈四樓 A 室

版次
2021 年 12 月初版
©2021 非凡出版

規格
16 開（240mm x 170mm）

ISBN
978-988-8759-40-8